U0750150

创造作品
穿越时空

# 时间作品

创造作品，穿越时空

剑　飞/著

电子工业出版社
Publishing House of Electronics Industry
北京·BEIJING

## 内 容 简 介

我们生活在时间中，总是不断地向时间追问：如何用有限的生命创造无限的可能，活出自己喜欢的样子？

作者剑飞一直在寻找这个问题的答案，在本书中，他将聚焦个体，探讨个人如何运用时间把自己打造成作品。从长期主义视角、说做就做的行动力、积极的思维意识、主动选择幸福等维度，讲述在时间维度上进行自我修炼的心法。

如果你希望在长周期维度上自由创造，让自己活成理想中的样子，一定不要错过这本书。

**图书在版编目（CIP）数据**

时间作品：创造作品，穿越时空 / 剑飞著 . —北京：电子工业出版社，2023.9

ISBN 978-7-121-46039-5

Ⅰ.①时… Ⅱ.①剑… Ⅲ.①人生哲学－通俗读物 Ⅳ.① B821-49

中国国家版本馆 CIP 数据核字（2023）第 138696 号

责任编辑：滕亚帆
印　　刷：中国电影出版社印刷厂
装　　订：中国电影出版社印刷厂
出版发行：电子工业出版社
　　　　　北京市海淀区万寿路 173 信箱　　　邮编：100036
开　　本：880×1230　　1/32　　印张：9.125　　字数：231 千字
版　　次：2023 年 9 月第 1 版
印　　次：2023 年 9 月第 3 次印刷
定　　价：79.00 元

凡所购买电子工业出版社图书有缺损问题，请向购买书店调换。若书店售缺，请与本社发行部联系，联系及邮购电话：（010）88254888，88258888。
质量投诉请发邮件至 zlts@phei.com.cn，盗版侵权举报请发邮件至 dbqq@phei.com.cn。
本书咨询联系方式：faq@phei.com.cn。

# 推 荐 语

我喜欢《时间作品》这本书的文字风格与内容，它的思维密度很高，仿佛一位朋友坐在对面和你聊天，讲述自己10年来的成长经历，以及见过的人、读过的书、做过的事……从这些时间跨度的故事中，你能收获行动的方法和积极创造的心态。

一辈子其实很短，做不了多少事情。能找到三五件自己喜欢，又愿意拿出耐心去长期坚持做的事，就是一种幸福。剑飞在《时间作品》中告诉我们如何找到这样的事，如何把这些事打磨成作品，乃至把自己打造成作品。

——周宏骐 新加坡国立大学商学院兼职教授

作为推荐人，我特别想对读者朋友们说三句话：

一、在我的心目中，剑飞是一个非常值得信赖的人。

二、阅读剑飞写的内容，我很享受，一是因为很喜欢他的文字风格，二是因为不断有新的启发。

三、《时间作品》是一本特别靠谱的个人成长宝典，书中的方法，可操作性极强，好好使用，你一定会有很大的收获。

——剽悍一只猫　个人品牌顾问、《一年顶十年》作者

人生是一个舞台，我们每个人都在各自的舞台上演绎自己的一生。演出落幕时，有的人留下代表作，塑造了不可逾越的角色；有人却安静离场，没留下任何痕迹。你希望自己的人生是哪一种呢？

如果想要成为前者，那么你必须经历时间的淬炼，把自己打造成作品。怎么去做呢？翻开这本《时间作品》，剑飞或许可以帮你。

——周汉陵　中垠资本合伙人、深圳市文化产业协会首批创业导师

有句话是说"在一件事情上付出两万个小时，你会成为这个事情的专家。"这本书从意识、行动上做了详尽的阐述。

——杨瑾　电影导演、作品《有人赞美聪慧，有人则不》《片警宝音》

每个人都是时间未完成的作品。剑飞老师在《时间作品》中详尽介绍了如何打磨自己，让自己在长时间周期上快速成长。如果你希望自己能在长时间维度上不断成长，希望自己能在有限的人生中创造永恒的价值，这本书一定会给你带来启发。

——段一邦　《语写高手》合著作者

作为剑飞时间系列的第 4 本书，《时间作品》提到真正值得我们去掌控的并不是时间，而是自己，我们应该用时间来打造属于自己的作品，把自己打磨成时间作品。

《时间作品》融合了剑飞老师的深入思考、亲身实践和实际建议，无论你是谁，无论你在哪里，都可以紧握每个机会，打磨自己，最终将自己雕琢成一件独一无二的时间作品。

——小饼干　《语写高手》合著作者

《时间作品》让我对创造作品这件事有了新的思考，作品需要时间来沉淀其价值，时间也需要作品来发声。愿人生足够长，长到可以把我们自己沉淀成为作品。在这一趟单向的时光旅程里，我们要修炼的是耐性，在长时间的维度上，日复一日地修炼，打磨自我。以文字，凝时间。

——灵休 《语写高手》合著作者

从《时间记录》《时间增值》《时间价值》到这本最新的《时间作品》，剑飞老师的理念一直在迭代。每次翻开书酣畅淋漓地读完，总能给我带来启发。列出一系列行动清单，践行到生活中，总会发现惊喜。剑飞老师的时间系列书籍，也是行动系列书籍，告诉我们在长时间的维度上如何行动。

——晓雅 《语写高手》合著作者

在剑飞老师的影响下，我看了很多传记。那些青史留名的人，在有限的一生中做出了许多有价值的事。这些事情的影响力，在他们故去后，依然存在，甚至不断扩大。原因或许是他们不仅仅创造作品，也把自己打造成了作品，留予后世。

这本《时间作品》也是在探讨这一主题，阅读后更能理解那些牛人行动和选择背后的心法。

——小奇 《语写高手》合著作者

如何让自己"活"得更久，"活"得更有意义？我们每个人都思考过这个问题。剑飞老师从"时间作品"这一角度，给出了一个全新的答案。

打磨一个传世作品，或者把自己打磨成作品，在时间轴上占据一席之地，某种程度上是让我们的时间和生命"无限延长"。细品这本书，获得启发，开启行动，打造自己的"时间作品"吧！

——任桓毅　《语写高手》合著作者

我们生活在一个节奏很快的时代，总希望在有限的时间里得到更多。时间也用它特有的方式在我们生命中留下印迹。在人生的不同阶段，我们追求目标，寻找自我成长的最好样子，终其一生，我们创造的是自己这个独一无二的作品。这本书告诉我们如何把一件事做很久，在人生的长度上把自己打磨成作品，如何主动选择幸福，创造想要的生活。

——清茶　《语写高手》合著作者

都说人生要做重要的事情，做有价值的事情，究竟什么事重要？什么事有价值？答案中一定有一个是"创造自己的作品"。如何创造作品呢？这本《时间作品》将给你答案。

——胡奎 《语写高手》合著作者、《高效办公 Office 教程》作者

真正有价值的事情，都是时间的作品，人生亦是。剑飞老师一直在打磨自己的作品，也把自己当成作品来打磨。他以践行者的身份写下的这本《时间作品》，帮助大家站在时间的维度上创造自己的作品，非常值得我们认真阅读并实践。

——云清 《语写高手》合著作者

翻开剑飞老师的《时间作品》，能感受到文字背后传递出来的笃定和坚定的信念。

这份力量来自于他作为一个普通人 10 年成长的沉淀和积累。通过实践所得的收获，是经历时间打磨的"珍珠"。将本书推荐给每一个成长中的人，从文字中汲取力量，从经验中获取引导。

——邓燕珊 | 珍妮 《语写高手》合著作者

把力所能及的事情做到极致是"剑飞体系"的基石，语写如是，阅读如是，时间记录亦如是。从《时间记录》到《时间

增值》《时间价值》，再到《时间作品》，剑飞老师一路狂飙，以践行时间的方式来诠释时间的价值，以探索作品的方式来呈现作品。

剑飞老师的书，无论阅读哪一页，都会有所获。其中的很多行动建议，哪怕只选一条应用在生活中，也会产生神奇的变化。有些书上头，有些书上瘾，剑飞的书要"上身"。

——明韬　《语写高手》合著作者

时间不语，却为我们的生命留下了一件又一件作品。剑飞老师是我见过为数不多地将柳比歇夫老先生的时间统计法践行到极致的人。

他最大的特点就是善于利用时间，高效产出，并且善于总结思考，最终将时间效用发挥到极致。《时间作品》可以帮助更多普通人善用时间、高效成长。

——殷倩　《语写高手》合著作者

读史可以明智，知古方能鉴今。我们都在时间的长河里，携带着过去和未来，共同站在当下。

读剑飞老师的文字，总能感受到积极正面的坚定力量和一个长期主义者对时间的多元领悟和深刻觉知。正向的积累很难，也很简单，《时间作品》解读时间如何在知、思、悟、行间成为人生的高效杠杆。

——程雅心　《语写高手》合著作者、心理疗愈师

剑飞老师是我看到的一个"时间作品"样本——只依靠时间本身的力量，在时间的维度上成长发展。他所说的每一个理念，自己都会先做，并且做到，然后再来分享。

时间主题系列，从《时间记录》开始，到《时间增值》《时间价值》，再到这一本最新的《时间作品》，最佳的阅读方式就是：照着做。

——蓝枫　《语写高手》合著作者

　　如果说时间是一条直线，把过去、现在、将来串联起来，向前无穷无尽，向后无限延伸，那么，我们的人生就是其中的一段，在时间这条直线上迂回辗转，随着时间前进。

　　如何用有限的生命创造无限的可能，活成自己喜欢的样子？

　　很多时候，我们急于求得答案，步履匆匆，跌跌撞撞，却不得其门。许久之后才发现，我们要掌控的不是时间，而是自己；答案无法求得，而是要做成，要创造自己的时间作品。

　　时间作品是什么？是做成了一件事，是过去付出的证明，是拓宽视野的窗口，是自我存在和价值的实证，是时间赋予我们的力量。

　　时间作品的终极形态是我们自身——把自己打磨成作品。这是一个漫长的过程，时间作品的打磨过程是漫长的，时间作品的生命周期更漫长。比如，春秋战国时期的孔子、孟子、庄子，用一生把自己打造成作品。

　　以自己为时间作品，我们要做的是一点点打磨，一点点改变行动、思维、认知，使心智随之改变，生活的面貌和质量都将焕然一新。我们把自己交给时间，交给这个与我们踱步不离的朋友，它会带着我们的作品穿越时空。

　　《时间作品》这本书也是基于此而写的。在进行时间记录的10多年里，我收获了许多心得，以及作为一个普通人如何在时间里成长的方法。本书从长期主义视角、说做就做的行动力、积极的思维意识、主动选择幸福等维度，讲述在时间维度上进行自我修炼的心法。它们从实践中来，应用于实践，用实践证明存在。

　　在人生旅途中，时间给了我们每个人修炼的机会，希望正在阅读的你能抓住这些机会，也希望书中的方法能帮你在时间长河里打磨作品，把自己打磨成时间作品。

剑飞

《时间记录》《时间增值》《时间价值》作者、

时间统计 App 创始人

扫描二维码
和剑飞一对一交流

# 目 录

# 第 1 章　时间之尺——
# 简短地回顾过去，创造更好的未来

# 1.1 时间的力量

## 1.1.1 时间自身所承载的力量

时间有一种非常神奇的魔力，这种魔力是每个人都阻挡不了的，是时间自身所承载的一种力量。

无论如何，一个人今天一定比昨天更老，这是事实。但心智有没有更成熟呢？不一定。也就是说，年龄一直在增长，但这并不代表心智也会随之变得越来越成熟。有时，心智可能停留在某个阶段，不再有任何发展。只有在年龄增长的同时，努力成长，心智才可能更成熟。

时间的魔力，也就是时间自身所承载的力量，会把人和人区分开来。如何区分呢？关键是看一个人如何对待时间。认真对待时间，依然会变老，也不一定能赢，但至少不会输。

在人的一生中，没有绝对的赢，也没有绝对的输；没有绝对的正确，也没有绝对的错误；可能进步，也可能退步。时间自身所承载的力量，是一种化腐朽为神奇的力量，也有化神奇为腐朽的能力。

你今天成长了吗?

成长的方式有很多种，不管你选择了哪种方式，一定要有始有终。没有开始，肯定到不了你想去的地方。

成长有其内在的客观规律。一个人成长起来，一定遵循了这种客观规律。如果一个人用较少的时间取得了极大的成果，那么他不仅遵循了这种规律，也抓住了这种规律背后的"真面目"——时间。**优秀的人大多是通过利用时间本身，逐渐成长起来的。**

《学习之道》的作者乔希·维茨金有一种高效的方法：利用睡眠时间思考。具体做法是，临睡前问自己一个问题，入睡后，大脑潜意识会继续思考，第二天一早，你便能收获新的领悟或答案。

没有人睡一觉起来后自然进步。他一定是在睡觉前应用了某种方法，利用了时间所承载的力量。比如，在睡前问自己一个问题，或者想想今天有什么问题尚未解决。让自己在睡觉时也能思考，抓住时间赋予的自然能量，在大脑自然修复的过程中把问题解决掉。

对于时间的力量，家里有小朋友的人会有非常强烈的感受。一开始，小朋友完全听不懂其他人所说的话，慢慢地能听懂其中的意思，后来学会说话，最后能流利表达，这都是时间的力量。

不管是成长、学习，还是做其他事情，都要遵循一定的规律。明天所取得的成果，来自过去为此付出的努力。成果的大小，取决于付出努力的程度。**如果期待明天取得成果，昨天就要为此做好准备。**

从现在开始，认真对待自己之后的 10 年。以 10 年，甚至 20 年为周期去做一件事，从现在开始做，一点点积累。每一次发展，都是在原来的基础上更进一步。每一次换领域，都不是从零开始，而是稍微改变一点原来的方向，实际上还是在同一个大领域里深耕。

## 1.1.2　通过阅读获得时间的力量

一个人的寿命有限，仅靠自己能悟出什么道理？如果不阅读，过去几千年、未来几万年，人类靠什么来参透其中的道理？如果一个人能够获得过去五千年所有圣人、牛人、高手的智慧加持，那么他此生能达到怎样的高度？

俗话说：不要重复造轮子。很多道理并不需要靠自己去领悟，可以通过学习获得。

俗话说：站在巨人的肩膀上。人生短暂，纯粹靠自己要达到非常高的高度，难度非常大。如果站在巨人的肩膀上，即便你可能不是很高，但巨人足够高，你所能达到的高度和纯粹靠自己也是完全不一样的。

首先要找到巨人在哪里，努力站上去。别人告诉你，巨人在那里，但是你不去找巨人，找到了也不往上站，同样不会进步。

碰到问题和困难，一般有两种解决思路。一种是站过去，面对它说："我要解决！"一种是逃跑，边跑边说："怎么这么惨？"对于积极、主动、全力以赴解决问题的人来说，哪种思路是正确的，不言自明。

**下次碰到问题和困难，你就对它说："谢谢你这么早就出现了，我先解决你，再继续往前走。"**如果有机会，年轻的时候经历一些磨难，可以更好地磨炼心智和灵魂，到年老时，就不会觉得一生平淡、白来一趟。

绝大多数问题的答案都可以在书中找到，但你需要靠自己的努力去读书。这也是站在巨人的肩膀上。

比如，想做一件事，从书中知道一个人连续做了五六十年并且做成了，那么我就知道这件事是可以做成的。例如，从 38 岁到 72 岁，阿西莫夫在这 34 年间平均每个月出版一本书；康德，从 24 岁开始教书，直到 72 岁最后一次授课，任教 48 年；柳比歇夫，从 26 岁开始做时间记录，持续了 56 年。

通过阅读就知道，一个人在有生之年，持续 50 年做一件事是完全有可能的。但还是要趁早开始，如果从 50 岁才开始做，计划做 50 年，难度就有点大。如果从 20 岁开始做，在 70 岁做完的概率就会高很多。

如果你现在 30 岁，想要坚持阅读 50 年，也是有很大可能实现的。用 50 年的时间攀登人类知识的高峰，边走边欣赏沿途的风景，一步步攀登，这将带给你很美妙的一生。

希望大家趁着身体健康，多看些书，在生活实践中慢慢消化所学的知识。

有人说：没时间看书。说明他没有把阅读当作重要的事，也不知道阅读的真正价值。

阅读是一项体力活儿。巴菲特每天阅读 5 小时，需要体力、财力、智力的支撑。首先，体力必须能支持长时间的阅读。其次，财富自由使他有足够多的时间阅读。最后，知识结构丰富，大脑吸收信息的能力强，以及思维张力能跟得上，才不会被大量输入撑坏。

芒格说：我这辈子遇到的来自各行各业的聪明人，没有一个人不是每天阅读的——没有，一个都没有。而巴菲特读书之多，会让你吃惊，他就像一本长了两条腿的书。

曾经有一段时间，我也试着每天阅读 5 小时，除了感觉体力遭到了极大损耗，巨大的信息量也让我的脑袋"懵懵的"。

持续阅读，不仅能让人懂得更多的道理，还能让人看到更丰富多彩的世界。如果一个人能持续阅读 30~50 年，他的外表可能不会有太多变化，但他一定能清晰地感受到自己的内在变得更强大了。

## 1.1.3　用生命创造时间作品

富余，有时意味着浪费。一个人有钱后，可能随便花；有时间，可能随意浪费；有能力，可能恣意使用……如果他只有100元，资金非常有限，那么他在花钱时，每一分都会精打细算。经济学研究表明，能将货币边际效用发挥到最大的往往是穷人，而非富人。富人对于100万元和100元的区别，没有穷人感受得那么强烈。

**自由时间是财富形式的一种，能自由使用和安排自己的时间，等同于拥有一笔时间财富。**

时间本身就是一种资源，而且是最大的资源，如果能好好地利用时间自身所承载的力量，用自己已有的能力做事，把事情做到极致，就可以取得比想象中更大的成果。

以我所创造的语写体系为例。语写，是指通过说话的方式表达思想，将脑海中的思想快速转化为文字。

语写是没有极限的。有的人语写一段时间后，慢慢出现训练不太认真的情况，语写的时候比较散漫。认真和不认真，语写质量的差别很大，自己在回顾的时候可以感受得到。

在语写之前，深呼吸，告诉自己：接下来的时间要认真对待，不要让它成为生命中被浪费的一小时；认真对待内容，语写自己的故事；认真对待发音，注重每一个发音，一定要标准、到位……甚至要像**对待自己的生命一样，对待此刻的语写**，因为它对人生来说是一种作品的呈现，每一个字都是用生命书写出来的，其中的力量必须穿越时代。这时你的语写内容是坚定有力的，而不是闲散的。持续以这种状态进行语写练习，语写质量会有明显的提升。

尽管每天的语写时间只是生命中的一个普通时段，但从开始创作的那一秒起，它便不再普通，因为你是利用生命的能量来写作的。如果有一天你不在了，再大的能量也没法驱动你的嘴巴说出一句话。

我们对自己现在所说出的话要秉持一种态度：希望 50 年后，它还是有效的；500 年后，别人看到它依然有所启发。因为你语写下的每一个字，都是用此刻的生命换来的。

回顾我们的学习经历就会发现，一开始学习一项技能，会非常真心诚意地说要把这项技能学好，然而，一旦学会了这项技能，便会觉得学了两三年已经很不错了，原本 10 分的认真可能变成 8 分，甚至 6 分。

语写也是如此。如果你真的用生命在写，就不会管技巧是否纯熟，而是会每时每刻保持 10 分的认真。就像雕刻家雕刻时，每一刀都非常慎重，因为一刀下去，必定会刻下印记，无法回头。

再加上时间自身所承载的力量，越重视，越认真，语写留下的文字越厉害。如果不重视，语写留下的就只是一堆散漫的文字，甚至发音不准，错误连连，自己都不想再看。

我在 2013 年写下了一些文字，标题是"剑飞随笔"，现在翻看还是会有所触动。曾经写下的文字，10 年后翻看还能有所触动和获得启发，说明当时写下的文字是有力量、有价值的。我希望自己写下的文字都有这种感觉，希望自己在 2022 年写下的文字在 2072 年再看时，还是觉得有启发、有力量，我要朝着这个方向努力。

如果努力一天就只有一天的成果，则很容易出现每天都在谋生存的情况。没有好好地利用时间的力量，自然得不到时间的帮助，也就无法获得时间的复利。

想要利用时间的力量，应该怎么做呢？要看得更长远，到 60 岁，依然能够享受 20 岁的努力成果；到 80 岁，还可以享受 30 岁的努力成果。随着年龄的增长，尽管身体机能在衰退，但精神依然抖擞，心智更加成熟，生活过得越来越好。

当我们尽可能用自己的力量一点一滴地积累时，时间会赋予我们力量。但是，时间绝对不会无缘无故地赋予我们力量。

要记得，时间是公平的，也是不均衡的。我们不会随着年龄增长而成长，不是年龄变大，就能变得成熟、变得厉害。智慧散落在各个不同年龄阶段的人身上。所谓"术业有专攻"，要用非常长的时间周期专攻一个领域，才能收获成果。

你正在做的事情，可能其他人也在做，而且使用的是相同的底层逻辑。你们都需要时间来成长，都要认真对待时间才会成长，都是通过过去付出的时间成长起来的。时间的积累、认真的程度，可能就是你们最大的差别。

每个人在成长时都要好好运用时间属性，用时间创造属于自己的作品。

## 1.2  时间富裕感

### 1.2.1  什么是时间富裕感

你有没有经常感觉时间不够用呢？

时间怎样才能够用呢？掌握一个词：时间富裕感。

拥有时间富裕感，是一种怎样的感觉？怎样才能创造出更多富裕的时间呢？

回想一下，你的生活中有没有这样的一天：感觉特别漫长，从早到晚一直没停下来过，感觉一整天非常充实，做了很多事情之后依然觉得轻松。这就是时间富裕感。

## 1.2.2　如何产生时间富裕感

越没有什么，越要去争取什么。越没有收获的时候，越要去耕耘。想要收获，不要去问收获本身，得问耕耘。产生时间富裕感的方法：越觉得没有时间，越要留出时间。

有这样一家医院，其医疗水平很高，很多病人来此就医，手术室一直被排得满满当当。

这种情况造成了很多问题。比如，遇到急诊手术时，医院不得不将早已经安排好的手术延后，医生经常要为一台小手术等很久，医护人员可能在毫无准备的情况下加班加点地做手术。

然而，大家的工作效率低下，医护人员和病人都很不满。

为了解决上述问题，医院邀请一位顾问前来帮忙。这位顾问对这家医院进行了分析后，给出的解决方案是，留出一间手术室，不做任何手术，只在紧急情况下才能使用。

大家一听，说：我们已经没有手术室可用了，还要留出一间手术室？这怎么可能解决问题？

尽管有人质疑，但考虑到顾问毕竟是专业人士，医院还是决定按照顾问所说的试一下。结果这个方法非常有效：有了空余的手术室，不是很紧急的手术就按照常规计划来进行，遇到急诊手术时则可以直接开始手术，不用再修改原本的手术计划，医护人员能顺利完成安排好的手术，效率也大大提高。

每时每刻预留一间空闲手术室，反而能安排更多手术，救治更多病人，这是什么原因？从表面看，医院缺乏的是手术室，不管如何安排手术、如何协调管理，都无法解决这个问题。但如果挖掘问题的深层原因就会发现，医院所缺乏的实际上是急诊手术室。

医院的手术可以分为两种：计划内的和计划外的。调整之前，计划内的手术占用了所有手术室，一旦出现计划外的手术，就要对安排好的手术计划进行调整。然而计划外的手术经常会出现，所以手术改期的情况经常发生，导致了种种问题。

空余一间手术室来满足计划外的急诊手术需要，其他手术便不用再频繁改期，医护人员能以更高的效率完成计划内的任务，也有更多的时间应付计划外的情况。

我们的时间就像医院的手术室，数量是固定的，都只有那么多。一天 24 小时，如果忙得不可开交，反而要留出一点时间让自己不那么忙。

在日常生活中，产生时间富裕感有以下几种方式。

第一种方式是，多线并行。

在一天内，不只做一件事，而是做两到三件事。在这几件事情中，一件事是主线，占用 80%~90% 的时间和精力，其他事情占用的时间不多。一天过完，也做完了几件事，回顾一下，就觉得自己在一天内做的事还挺多，充分运用了时间，产生时间富裕感。

这有点像同时看几本书，其中一本书花 80% 的时间仔细阅读，还有 20% 的时间看其他书，但只看看目录结构、读读重点内容。人们采用这种阅读方式，体验感会比较好，看的内容比较多样，也不会陷在一本书里。

这种方式也符合二八法则，即用 80% 的时间做一件重要的事情，用剩下的 20% 时间做一些在当前不是很重要但在以后会很重要的事情。

有一点需要注意，任何时候，都要力所能及地做重要的事情。只不过不同重要程度的事情所用到的能力不同，可以搭配。

第二种方式是，贡献时间。

越没时间，越去贡献时间，越能拥有更多的时间。

如果觉得时间不够用，就要留出一点点空余时间，去帮助他人。

可以问问自己：我可以为身边的人、遇见的人做些什么？他们遇到了什么困难和问题？我能为他们提供什么帮助？

很忙的时候，适时停下来，把注意力从自己的事情上挪开，关注周边的人和事，反而能变得不那么忙，感觉时间富裕。

第三种方式是，做长期重要的事。

我经常在感觉时间不够用的时候拿本书阅读，读一段时间后，就会觉得时间够用了。

如果事情很多、很忙，还能去做长期有价值的事情，不是因为闲着没事做，而是因为哪怕没时间也要做重要的事，这说明你的内在是比较富足的。

尽管平时很忙、事情很多、时间不够用，但还能拿出一些时间做长期重要的事情，你会感觉到自己不是每天忙忙碌碌地当"救火员"，完成很多紧急的任务，而是一直在做重要的事情。总是奔忙着完成紧急任务，会让人觉得忙来忙去却没有产生什么价值。一直做长期重要的事情，能让人感受到长期价值。

**做长期重要的事，能持续产生价值。**如果一直在做重要的事，哪怕最开始只在"生存线"上忙碌，最后也会产生时间富裕感。随着时间的推移，时间自由度、生活自由度，以及物质财富，都会变得富裕。

我以前写过一篇文章，标题是"等着发财"。这不是等着天上掉钱的意思，而是不问收获、不断播种、不断去做自己应该做的事情和重要的事情，做得足够久，财富自然而然会到来。

**长期重要的事情多吗？不多，每天听、说、读、写就够了。**听，是感受身边的声音；说，是语写；读，是阅读；写，是写下自己的作品。我们要每天听、说、读、写，长期听、说、读、写。

我们有时忙起来会忽略这些长期重要的事情，但听、说、读、写和刷视频是一样的，一旦开始了，就不可能一下子停下来。一旦开始听身边的声音，就不可能只听一句话；一旦开始语写，就不可能只说一分钟；一旦翻开书，就不可能只看一页；一旦开始写作，就不可能只写一个句子。这些事情，一旦开始，就会沉浸下去。

如果能将长期重要的事情培养成习惯，融入生活中，变成随时能做的事情，变成无意识行动，想到就马上去做，坚持做、长期做，则会收获很大的成果。

比如，对终身学习的人来说，阅读是一辈子的事情。阅读的重要性不会随着时间的流逝而发生变化，也不会随着某个人阅读或不阅读而发生变化。一有时间，就翻开手边的书来看，可能到晚上回顾这一天时，也不记得自己有没有阅读，但一看记录，发现确实读了。这就是把阅读变成无意识行动，随时都可以做。

阅读的时候，能够从现实生活中抽离出来，去感受另一个时空，可能是一个人的一生，可能是一种全新的理念，可能是更广阔的视野……越读越多，时间富裕感越容易获得。

更进一步，还可以将书中的收获分享出去。在这个过程中能将脑海中的信息和理念进行重新梳理，最终受益最大的还是自己。

### 1.2.3　延伸阅读：等着发财

"老板发财"，不是一句空话。

往往是在你做了一件好事，或者做出一种还不错的行为时，才会有人对你说这句话。

过年的时候，这句话出现的频率更高。但是再怎么样，这也得出现在你的一些行为之后。比如，你向对方问好，或者给对方拜年，对方才有机会对你说这句话。

如果有人对你说"老板发财"，则说明你至少做对了一件事：触达。

对于老板来说，没有比触达更多人更重要的事情了。

老板承担着一项职责：社交。

如果你是老板，但不喜欢社交，那么一定有人在帮你做这份工作，可能是合伙人，也可能是核心圈层的人。他们承担着重要任务：品牌宣传。品牌宣传做好了，就"等着发财"吧。

"等着发财"，不是一句空话。

时机到了，机会自然来。你需要为机会做好准备，等着它到来时认出它。

注意：认出机会也是一项专业能力。

人生是分阶段的，有时就是要等。不管愿意还是不愿意，人生总有一些不得不做的事情。你需要把生活打理好，才能一路前行。

在我过去所服务的客户当中，有一些长跑型选手。他们跟着我训练了两三年，并且未来还有余力继续跟下去。这些人往往是在生活中各方面都已经达成平衡的人，他们可以做到持续、稳定。

**价值，存在于持续中。持续，意味着稳定；稳定，意味着机会；机会，意味着发财。**

如果你要付费学习，是会选择一个行业新手，还是一个行业专家？对于大部分行业专家来说，他们有不得不做的事，即花时间。如果花的时间足够多，那么到最后你只需要在专业领域持续投入，便能"等着发财"。

我有一个客户想要参加某项考试，该考试的一项资格要求是 35 岁以上。按照客户目前的年纪，至少要等到 5 年后才能参加该考试。还有一些学习类项目，筛选人的标准是，至少有 10 年以上的高管经验，而这些都需要"等着"。

"等着发财"并不是真"等着"，而是要你积极、主动地投入。你不仅要积极、主动地让自己始终处于生存线以上，能活着"等着"，还要不断地求发展。

你依然需要投入大量的时间，为机会的到来做准备，而不是仅"等着"。有些机会越等越大，有些机会越等越没有。

"等着"的意思是，你要在时间推移的过程中做大量的准备工作，做到真正的专业，能拿出真正的硬功夫。

甚至正是因为处在"等"的状态下，你才有机会不断地打磨自己的技能，打磨自己的眼光，打磨自己的硬功夫。

你可能忙于生存，以至于没空追寻自己的梦想。但这不重要，重要的是**你是否哪怕在最艰苦的环境下，仍抱有希望，依然持续地投入，"等着"那个机会的到来**。人的成长总是有希望的，但是希望在哪里？"希望"来自你没有放弃的那一刻。

**"等着发财"，是指你现在就要为"发财"的那一刻做好准备**。如果有人给你一笔财富，往往是因为他看到了你过去的成果，同时希望你未来还可以做得更好。

你可能觉得哪有人这么说，一般不都是说"老板早点发财"吗？别忘了，创富容易，守富却是需要时间的。

赚小钱，天天可能都会有进账。

赚大钱，机会不是每天都有的。

你需要，积极主动。

你需要，不断投入。

你需要，持续专业。

你需要，"等着发财"。

## 1.3　回顾过去，创造未来

简短地回顾过去，是为了更好地创造未来。

我的所有体系，都用到了这句话。

语写体系、时间体系、阅读体系、记账体系，注重的是回顾过去。

人生规划体系、出书体系，注重的是创造未来。

这些体系都是为了让人更好地回顾过去，了解发生了什么事、目前在什么阶段，从而更好地预测和创造未来。

根据过去已发生的行为，能判定未来可能的行为。人的行为是随机的，这种随机性表现为，不管如何记录过去每一天是怎么度过的，都很难预测明天将发生什么。

换句话说，人的主观能动性特别强，可以做任何想做的事，并且可以对尚未发生的事持有事前观点。事前观点在很大程度上决定了一个人最后能不能把事情做成、做好。

在事情发生时，事前观点往往会决定一个人采取什么行动。根据事前观点所采取的行动，对事情的本质及最终的结果都会产生很大的影响。所以，在日常生活中，应多持有一些好的观点，以积极的状态去面对尚未发生的事情。

比如，一件事情可能发生到一半，我们的主观意识便开始判断：这件事是好事还是坏事？是非常好的事，还是普通好的事？要不要特别关注，或者要注意些什么？在事情发生前，我们就持有一种观点。

一件事情发生到一半，看起来不太好，但实际上可能是非常好的事情。就像两个人交往，或合作做一件事，一定有一个磨合阶段，前期磨合比后期磨合要好。长期来说，一开始磨合好，解决遇到的困难和挫折，接下来更容易进入良性循环，行动顺畅，创造的价值也会更大。

### 1.3.1　回顾过去，发现进步

简短地回顾过去，看看过去所做的决策对现在生活的影响。

现在的生活是变得更好了，还是变得更差了呢？

如果生活变得越来越好，但你事前持有一种"我不知道以后怎么办"的观点，是不是违背了事实呢？就像在语写训练中，有时一些用户会在开头写"完成一万字有难度"，但他们最后写完了一万字。这就是事实和事前观点发生了冲突。

有一些人看待问题比较悲观，觉得生活里这也不行，那也不行。但只要看看过去几年的数据就会发现，他的生活并没有变差，而是变得越来越好，并且未来会变得更好。

像这样持有消极的观点，会给生活带来很大的阻力。明明是在不断进步的，但他对自己的进步没有任何肯定，反而一直否定，早晚有一天，他对于所有的进步都会无法感知。

反过来，持有积极的观点，不管是进步还是退步，一直肯定，始终认为自己在进步。即使有所退步，也只是暂时的，并不等同于永久退步，跨过去便能取得更大的进步，并且坚定地相信未来会变得更好。一个人如果拥有这样的心态，那么他就只管往前冲，根本不必担心过去的进步或退步会带来什么影响。

和我一起训练了好几年的学员，都认可两个基本假设：

一是未来比现在好。

二是未来比现在好的程度，一定是呈指数级增长的。

寻求突破，肯定会遇到困难和问题。对于所有的困难和问题，在出发前，就要做好要克服的准备。在走向未来的过程中，肯定会面对完全不一样的生活方式。新的生活方式，也许是我们目前的境界所不能理解的，拥抱和面对未来可能发生的一切困难及问题，要保持开放的心态。

你在行动、前进的过程中可能不是那么舒服，但只要确定方向是对的，这种不舒服的状态持续一段时间就会被克服，或者进入相对舒服的状态。这时应再给自己找到一个不那么舒服的状态，以便达到更高级别的水准，不断地突破舒适圈。

当你再回头看时，会发现以前觉得过不去的困难和挑战根本微不足道。身在困境中，会觉得时间很漫长，跨过去再回头看，其实也就持续了两三年。如果能活到 90 岁，这段时间在你人生中的占比小于 1/30。花几年的时间在一个领域深耕，会发现困难和问题微不足道，那些细小的进步虽然看起来很微薄，但经过积少成多、持续深耕，最后会呈现指数级的增长。

简短地回顾过去，就能发现自己所做的很多事情都是在进步的。这些进步积累起来，就能使你实现跨越式的发展。

## 1.3.2  保持进步，创造未来

人与人之间的差距不是在一个晚上拉开的。没有人睡一觉就突然懂得一个道理，从此走向人生巅峰。每个人都要一点一滴地积累，才能在最后取得巨大的成果。

有时，取得进步的速度看起来很慢，但如果把时间加速100倍，让100年内发生的事在1年内发生，就可以感受到其中的信息量。我们每天做的事情，就是这样一分钟、一分钟积累起来的，并不会在这一分钟和下一分钟产生巨大的差别。

保持积极的心态，不需要在100%的时间内都积极乐观，花25%以下的时间简单思考未来：可能会碰到什么困难？有哪些挑战？风险会出现在哪里？思考挑战和风险，不代表不够积极，而是主动、客观地评判日常生活中可能会发生的困难和问题。

坚持3～5年后，你将看到更远的未来，也就是实现人生跨阶段发展。人最怕的是固守在过去的人生阶段，不肯改变。

改变不是那么容易的。很多时候，必须接受自己所不能接受的东西，改变才能发生，否则多年后的自己还和现在的自己一样，各个方面都没有改变。但是，身体会随着时间变老，再接触新事物做出改变时，会变得力不从心。

生活是用来锻炼自己的能力的，要让自己去接受完全不一样的事物，而不是变成现在的样子就坚守现在的样子，只等着老去。30 多岁的身体装着 90 多岁的灵魂，这不是一个不断进步的灵魂，而是等待 60 年不变的灵魂。

最好能每天都保持一定程度的进步。如果你的生活每天都有变化，则说明你的学习方式是对的。变化本身是什么并不重要，重要的是坚持接受变化，这可以让你在未来更好地面对更多变化。同样，学习什么不重要，重要的是学习过程中的"坚持"精神，这让你在其他领域学习时依然可以坚持。

在未来，变化会越来越快，新事物会越来越多，更多新兴科技发明需要学习，更多生活习惯需要培养，因此保持进步是我们必须具备的能力。

就以许多人每天使用的微信为例。在 2011 年之前，世界上根本没有微信。如果当时有人和你说给朋友发短信不要钱，你一定会大吃一惊：怎么会有这样的好事？到 2023 年，用微信随手给朋友发信息已经成为稀松平常的一件事，我们还可以用微信直接语音通话、视频通话。

这些变化的发生仅有 12 年。把时间再向未来推动 12 年，到 2035 年呢？想象一下，你现在处于 2035 年，身边一定有很多 2023 年没有出现的事物。它们改变了你的生活习惯和理念，可能是一种认知、一个工具，甚至是一个身边的人。

也许现在你和身边的朋友关系很好，但是 15 年前，和你关系好的人和现在的是同一拨儿吗？

许多人会在你的生命长河中和你一起流淌一段时间。如果你要做一项伟大的事业，能理解其中伟大意义的人可能不多。大部分人都喜欢保持现状，而非追求更精彩的人生，而你刚好是那个不断追求精彩人生的人。追求跨阶段式增长的人，早晚要接受一个事实：不是所有人都跟得上你的步伐。

但有一点可以确信，不管你多么优秀，走到什么阶段，都一定会有更优秀的人在等着你，等你成长起来。当你明白了更高阶的道理，掌握了更好的做事方式，和他们同频之后，他们会主动和你走到一起，做更厉害的事情。

优秀的人不需要过多地关注情绪，做事就直接做事，始终把注意力放在"如何做事""如何做好""如何做得更好"上。越厉害的人越不需要过度考虑人际关系，因为大家都在做事，时间很宝贵，直接明了地说事情，行就做，不行就不做。

如果你现在依然非常关注情绪，则应该训练自己用理性思考去解决更多的困难和问题。当你一直在处理困难和问题，不以人的意志为转移，而是遵循客观规律时，你所做的事情一定不会太差。

### 1.3.3　简短地回顾过去

简短地回顾过去，具体怎么做呢？假设今天是 10 月 24 日，那就盘点一下你在 10 月已过去的 24 天中所做的事。

10 月的计划完成了多少？已经做成的事情有哪些？没有做成的事情是什么？做成了，继续做下一件事，没做成，剩下的 7 天时间怎么做？继续做，还是放弃？

10 月的目标是否和当年的整体目标一致？有没有目标已经彻底被忘记了？甚至根本想不起来当年前 10 个月到底忙了什么，以至于还在想"今年要达成什么目标"？

"小人常立志，君子立长志。"你要做的事情，其实不是从今天才开始发生的，而是在过去就已经发生了。你不能每天制定一个目标，每天都决定从今天开始做起，而应时常把过去定下的宏大目标拿出来看一看。

回顾过去，是为了更好地预测未来。如果一直在现在的状态下不断定下新的目标，就等同于不知道自己的目标到底是什么。

定下 10 年目标，是基于过去几年已经存在，或者已经实现的目标。在定下的目标没有实现之前，只需要坚守一件事：回顾过去，开始行动。

看看到底有什么事，自己过去做了却没做成，或者想做没做成？到底有什么事，过去没有付出努力，但是只要付出努力，就可以做成？到底有什么事，等了 3 年还没行动，只要行动，人生就会非常不同，并且感觉到它的精彩所在？

把这些事情一件件找出来，选择三五件或 10 件都可以，重点是你真的想做这些事。这些事你在很久以前就想做，但没有付诸实践，实际上只要动手，就可以朝目标前进一点点。

从现在开始，把今天所有的目标都指向于把事情做成的那一天。这样，到了那一天你才能说："我付出努力把事情做成了，过去这段日子真的非常值得，希望未来获得更大的突破。"

## 1.3.4　更好地创造未来

任何人取得的成果，都不是在一瞬间取得的，而是基于过去 3 年、5 年、10 年，甚至 20 年的准备。如果你的期待是"今天付出努力，明天就要取得明确成果"，那么这就不是真正的长期思维。如果付出努力后，思考的是"50 年后，能否接收到今天努力的成果呢？成果是什么？用什么方式呈现？"那么，当真正到 50 年后，你会发现这正是 50 年前努力的成果，这才是真正地收获了累累果实。

有的人会问："我做了 3 天，怎么还没有结果？""我努力了 3 年，怎么才取得一点点成果？"其实这就是"今天付出，明天收获结果"。

古时有师徒制，师父带徒弟，总是在最后一刻才把绝招放出来，徒弟终于学有所成。如果不断自学，那么你就是自己最好的老师，现在就需要开始积累这个"大招"。总有一天你会大彻大悟，有时境界越高，晋级修炼的时间越长。可能在某个层级，需要停留 3~5 年甚至更长时间，用来修炼基础招式。如果你选择不停留，不修炼这些基本功，不做积累，你就到不了更高的境界，成不了顶级大师。

**大师不是掌握一系列复杂技巧的人，而是反复练习所有基本**

**功的人**。他从基础的技能开始，不断锤炼，把每一层的基础都打得非常牢固，让自己逐渐进阶到更高的境界，**掌握更复杂的技巧**。

大师在做事的过程中，掌握了所有可能发生的好事、坏事，以及可能会出现的错误，并且知道如何去改正错误。而改正错误的方法，就来自日复一日的练习。看似枯燥的练习，却能让他知道如何去处理错误，知道最佳方法。甚至在错误发生前，他已经能预测错误的发生并提前解决。

我们并不是一路前行永不回头的，而是带着过去的经验、现在的能力和未来的期盼，用行动做成事情的。如果你还没有根据过去的目标来行动，就应该停下来，翻翻过去到底还有什么未尽之事、未完成的愿望。找到这些事，先做 3 年，3 年之后再说"我再努力干 3 年，将会……"，而这个新的目标是基于这 3 年的结果所设定的。

**一件事只要做成一次，就可以做成无数次**。很多练习语写的学员在连续 1000 天每天语写一万字后，第二个"1000 天"也会比较容易做到。由于之前已经做成了，形成习惯之后，甚至不会去想做不到第二个"1000 天"的可能性。

阅读也是如此。读一两天，不会产生翻天覆地的变化；读三五年，量不够、持续度不够，可能还会怀疑"读书是否有用"，但坚持下去，一定能取得重大成果。

我的经历也算一个例子。过去 10 年，我所做的阅读，以及提供的语写、时间记录、人生规划、记账等服务，不仅有用，而且持续有用。我敢保证，多年后，一定有很多人说"这么简单的事情居然可以做这么久"。

很多事情并不复杂，就是需要把简单的事情做到极致。比如，做时间记录，每天记录自己做了什么事、花了多少时间，做起来非常简单。正在做时间记录的人，不会觉得这件事很难。有一些新用户在过去的几十年并没有做到持续进行时间记录，也有一些用户尝试进行时间记录，但一直觉得做时间记录很难。事实上，时间记录只要去做就会很容易，其基础步骤可以参考《时间记录》这本书中所说的。

坚持一段时间之后，你会发现，做时间记录已经形成了习惯，难度也不大。这是什么原因呢？能力增长了？还是时间变多了？都没有。而是把一件事练到一定程度后，就不用再花过多的精力思考，直接去做即可。时间记录做久了之后，根本无须提醒自己要做时间记录，它会成为习惯性的自动反应。每当切换场景时，打开时间统计 App 点击一下，然后该做什么就继续做什么，生活中的时间会有迹可循。

### 1.3.5　现在就做，不用等到未来

大家都希望自己的人生不要白费，一天有一天的价值。年纪越大，越能感受到一天的生活和经历特别有价值及意义，因此要尽力做自己能做的事情，认真地过好今天。

曾经，有人和我说："年轻真好，居然有这么多时间睡觉。年纪大了，就舍不得睡觉了。"这是因为年轻时不懂如何充分利用时间，在思想没有觉醒前，总觉得要做的事情慢慢做就可以做成。如果你有一个远大的梦想，设定了一个几乎一辈子都不可能完成的目标，你会发现时间不够用，所以绝不能将时间用在没用的事情上。有了远大的梦想之后，你会更坚定地做有用的事情。

一辈子一直做一些有用的事情，就足够了。当你拥有坚定的决心，会有更多人来帮助你。

1995 年，一个 12 岁的加拿大男孩看到一则新闻：巴基斯坦有一个 12 岁的男孩被杀。他 4 岁时就被父母卖为奴工，每天从事 14 小时体力劳动，稍有不慎就会被毒打。10 岁时，他被国际人权组织解救出来。获得自由后，他选择帮助更多像他一样的孩子，让他们也能和自己一样获得新生。他陆续解救 3000 个被奴役的童工，但遭到人贩子团伙的暗杀，年幼丧命。

这个加拿大男孩有了一个想法：他要以 12 岁的力量，像巴基斯坦的那个男孩一样，为解救童工而战斗。他和同学们讲了巴基斯坦男孩的故事，还有童工的悲惨状况，提出通过"孩子帮助孩子"的方式改变这个世界。

11 位同学和他一起成立了"解放儿童组织"（Free the Children）。这个组织是世界上最大的由青少年管理和领导的慈善机构，也是现在世界最大的儿童保护组织之一，吸引了全球 45 个国家的 100 多万名青少年参与，解救了非洲、亚洲许多悲惨的童工，并在 35 个发展中国家建立了 450 多所学校。

解放儿童组织的口号很简单、很有力：儿童帮助儿童，改变世界，不用等我长大。

这个 12 岁的加拿大男孩站出来说："我要改变世界，从现在就开始。"他明确的目标影响到身边的人，大家纷纷支持他。他的父母支持他，帮他联系朋友，了解人权组织信息；他的老师支持他，让他分享故事和愿景，校长还帮他给其他学校写信，让他募捐、演讲；他的同学支持他，和他一起成立组织；劳工代表支持他，在他演讲后捐助 15 万加币；社会各界支持他，当他想和总理对话时，各界关注，推动了他们的会面……他用自己的梦想和行动，不断改变着世界。

如果每个人能做 3 件令人感动的事，或做一件影响 3 个人的好事，那么全世界就会不断有人被感动，不断有人被改变。

每个人在日常生活中都会遇到困难和问题。看完这本书，不管面对多少琐事，都要坚信自己有改变的能力。这种能力比你想象中的要厉害得多，能帮助你克服生活中遇到的困难。我们完全没有必要抱着"今天比昨天更差，未来让人忧虑"的想法。你的能力在增长，智慧在增长，用好这些资源，你就可以创造未来。

如果没有明确的目标和方向，也可以随着生活前行。它让我们做什么，我们就做什么。碰到合适的人，就勇敢去追；遇到合适的机会，就抓住不放；今天有困难，就去克服它；今天充满希望，就别停下来；觉得累了，就适当休息；还能继续，就继续干……

在保证身体健康的情况下，去追寻一个明确的目标。有明确目标的人和没有明确目标的人最大的差别在于，做事时是朝着一个特定的方向前进，还是做到一半可能会被人牵着走。

一个有明确目标的人，在当年的 12 月 31 日前就知道下一年要做什么，并能总结出这一年已经做成的事。他可以站出来说，今年不后悔，明年更加不会后悔。在此生到达终点前，他一直觉得人生充满希望。

**生活的意义不在于做了什么，而在于正在做什么。**活在现在，也要看看过去。简短地回顾过去，是为了创造更好的未来。

未来来自哪里？未来可能来自你刚刚花了一段时间看的这本书、这段话，可能来自生活中的一段经历。开始阅读之前，你还处于过去，阅读是享受当下，读完就到了未来。你看完这本书、这段话之后做的第一件事情，它就是你的未来。

没有人可以同时做无数件事还能取得巨大成功。过去树立的目标要时刻盯着、死死盯住，一直到它被实现为止。你会发现，尽管这世界上有无数事都没做过、有几十亿人的名字没有听过，但这不影响你发挥自己的全部能力去取得重大成果。

不要纠结眼前的一些困难，这都是为了让你有一个更幸福的未来而对你进行的考验。放弃那些小小的、可能让人产生困惑的事，做更多让未来充满确定性希望的事，还有那些会让人不自觉带着微笑去做的事。

# 1.4 把握现在，着眼未来

## 1.4.1 如何从现在走向未来

时间按它的节奏，一点点地给到每个人，既不会迟到，也不会提前。所以，我们只能拥有现在的时间，但这并不代表只能拥有现在。拥有现在的时间，就是拥有一切，既拥有过去，也拥有未来。现在既和过去有关，也和未来有关。现在做出的选择，等同于直接着眼于未来。

未来在哪里？未来就在……

只是一个停顿，我们就到了未来。这个过程随时都在发生，和通常想象的不太一样。

晚上睡觉，早上醒来，是在走向未来。

11 点半开始做饭，12 点做好，是在走向未来。

好好利用现在的时间，是在走向未来；把现在的时间浪费了，也是在走向未来。

**从现在走向未来的方式，就是我们现在做事情的方式。**

在日常生活中，我们会做很多事情。比如，早上起床后，洗漱收拾，拿起手机刷一刷微博、微信、小红书、抖音。"刷"的动作很简单，每个人都会。这是不是意味着过去这些年，我们通过刷微博、微信、小红书、抖音取得了成功呢？不是的。

总结过去的行为是否对未来产生了作用时，可以得出一个结论：现在做的有些事情，不一定会对未来产生影响。有些事本身可能只有非常短暂的生命周期。

就像走在路上，遇到一个人，他有没有可能改变我们的命运呢？的确有可能。我们一生中会遇到很多人，可能受其中某个人的影响，从而改变命运。但在路上遇到一个人就改变命运的可能性微乎其微，甚至可以忽略不计。如果认识一个优秀的人，受到其影响，从而改变行为，那么他有可能对我们的未来产生影响。这种行为非常有效，如果我们一直坚持不懈地做，那么其对未来的影响可能是巨大的。

再如，阅读。我鼓励大家看纸质书，根据多年的阅读经验，凡是亲手翻过的纸质书都会给自己留下一些比较深刻的印象，就好像和一个人面对面交谈过，比只加微信好友的印象更深。纸质书拿在手上，翻一翻就可以快速知道这本书值不值得看。

有些书的观点值得反复咀嚼，一两句话甚至可以影响一生，让一个人的生活变得和原来不一样。电子书很容易一划就过，纸质书却可以反复翻阅，获得更好的体验。所以选择书籍时，如果真的是面向未来，想让阅读指向更加长远的未来，我更推荐纸质书。

面向未来时，不能只关注做了多少事情，还要关注做了多少真正有可能改变自己行为的事情。在走向未来的过程中，这些可能真正改变自己的事情，不是所有的都一定要做，而是要砍掉其中的 99%，只留下一两件非常值得做的事情长期做。

## 1.4.2  不要消耗现在

当你正在阅读这本书时，有人可能正在刷信息流。刷过之后，过段时间他可能就忘记自己看过什么了。刷信息流的行为没有让他有所收获，没有拓宽他的知识面，没有让他的智慧有所增长，所以刷信息流的动作不是在走向未来，而是在消耗现在。

这就像花钱，有一些钱花了之后，越花越有，如面向未来的投资。这笔钱花出去之后，还会回到你的手上，甚至可能以各种各样的形式多次回到你的手上。但有一些钱花了就直接没有了，花这些钱都是在消费现在，甚至消费未来。

时间一点点给到你之后，如果没有充分利用，没有增加知识、技能、专业度，就是纯粹地消耗现在。

有时的确无事可做，没有选择做坏事就是一件好事，对社会也有帮助。如果你能在这个基础上控制自己的行为，再做一点以智力或体力为导向，并且有助于社会的事情，就更好了。因为你在用自己的生命，产生相应的价值。因此，要尽可能让自己投入一个领域，不断努力，成为这个领域的专家。

在选择的过程中，到底是面向未来，还是把未来提前消耗掉，就看你现在正在做什么动作和行为。不需要等到以后才知道自己所做的事情是不是有用，稍微花点时间思考这个问题，现在就能得出答案。

比如，做 1000 场直播对以后是否有用，暂且不管，前提是身体力行地去做，并且保证在当下有用。每次直播结束后，我都有新的收获和启发，觉得自己的精神状态良好，还可以继续讲下去，并且能对听众产生一点影响，这就够了，而且对以后也会有所帮助。

再如，在日常生活中，我们可以用 30 分钟进行自我训练。这 30 分钟用来做什么不重要，直播、打坐、语写、冥想、阅读、写作等都可以，具体做什么只是一个载体，关键是过程中的思考。

在走向未来的过程中，既可能产生消耗，也可能带来能量。仍以直播为例，有的人听直播只是听了，不思考、不复盘，就和刷了一个短视频没有区别，没留下任何印象，这是一种时间消耗。听了之后，认真思考，进行复盘，并付诸实践，才能产生价值。

我经常说要积极、主动，有人听完之后改变了自己的思维和行为，变得积极、主动，收获非常大。也有人听完就听完了，没有任何改变，当自己上场时总觉得自己这也不行、那也不行，甚至表现出负面思维和消极状态。积极、主动在很多方面都适用，要真正行动起来。积极、主动的行为没有发生，就不是走向未来，而是消耗现在。

做一件事，最好经过认真思考，认定这是对你有用的，并且可以说出为什么有用。不要因为刚好看到了一场直播、刚好看到了知识分享，就觉得是谁直播不重要，他分享的是什么也不重要，重要的是这半小时可以花掉。这样的话，看到再好的内容也白搭。

要认真思考，你的行为是自动、自发的行为，还是经过严格思考后的自律行为。学习新知识，无论是听一个课程、刷一个视频，还是看一场直播，都要思考自身的行为是否由自己控制，是否面向未来。如果你现在所做的事对未来有帮助，可能过 20 年，这件事会改变你的命运。要试着让现在的行动指向未来。

有一位听众，偶然间刷到了我的直播，觉得内容很有意思，于是去看了我的公众号。他连续好几天花很长的时间把"剑飞"公众号中的文章全部看完了。后来我和他线下见面，虽然是第一次见面，彼此却非常聊得来。过去通过公众号文章建立的了解，导致我们聊得来，这就是过去的动作和行为对未来的影响。

## 1.4.3　真正面向未来

面向未来，要把握好现在的每一个动作，分析现在所做的这个动作是否面向未来。很多时候，现在的行为习惯只是因为过去习惯了，而不是因为真的有用。要反思自身的行为习惯是否已经没用了，但自己还在坚持，或者它是否非常有用但坚持得还不够久，以后要做得更多。

比如，工作中不要靠惯性，而要认真思考工作的各个方面：能不能提高工作能力？如何提升工作效率？如何把工作做得更好？这些思考和行动能让人的能力再上一个层级，甚至好几个层级。

这个层级不一定是指职位，而是指对工作的专注度，就像"寿司之神"小野二郎，即使他连续 70 多年做手握寿司，但每天早上开业前，他还是会尝一尝寿司的味道，要达到标准后才会给客人吃。

假设你是一个提供服务的人，可以尝试换个位置，体验一下自己所提供的服务是否合适。比如，银行工作人员以客户的角色感受一下业务流程、服务体验等。有时，一个非常小的细节可能影响到整体流程，改进一下，全流程效率都能得到提升。

做每件事，都有一些基本原则。做事出错，可能就是忘记了最基本的原则。就像投资赚钱，一开始赚到了，再投资的时候，反而有可能没有赚到。按理说，赚到过钱的人，应该可以赚得越来越多，因为已经做到了，并且经验越来越丰富。但是人有时会在自己已经做得不错的事情上栽跟头，原因就是忘记了基本原则。

　　进入新的领域，我们一开始都会非常认真地学习，十分用心去做，这时掌握得最好的就是基本原则。做的次数多了，我们可能感觉自己掌握了更高级的原则，基本原则也就那么回事，不必再去注意，而往往这时候就很容易出错。

　　真理是永恒不变的东西，不会因为你了解了、做得多了就发生变化。基本原则，也不会因为你变得厉害了，就变了或没有用了。你所在领域的基本原则是什么？

　　一个人可能在很短的时间内发生翻天覆地的变化吗？有可能，但他一定是基于过去的积累发生的变化。否则纯粹自然生长的人，很难在很短的时间内发生巨变。

　　如果家中有小朋友，每天和小朋友一起，不会感觉他每天都在长大。但通过记录的数据会发现，他在 1~2 岁时的生长速度非常快。如果没有记录，则很难发现这种变化。

　　一个人的成长也是如此。如果和一个人 3~5 年没有见面，再次见面时就能明显感觉到他的变化。但天天见，就很难感受到这种变化。

　　一个人的成长，或者把一件事情做成，需要时间。如果你想跟随老师学习，则可以定期去看看这个老师有没有发生变化。

如果他的变化明显，每一两年都能给你带来新的惊喜，则说明他的进步速度极快，可以跟随他学习相当长的一段时间。

定期看一下自己和过去比起来是不是有极快的进步。每年复盘，如果觉得自己做得还不错，则下一年可以朝着做得更好的方向去努力。

日常生活中所说的积极心态，不是简单地相信自己可以做得更好，而是坚定地相信自己一定会做得更好。这种坚定的信念一般会转化为行为，朝着更好的方向前进。我们每个月都可以确认一下，自己是不是做得比上个月，甚至比过去每个月都做得更好。

一点点地进步，是我们成长要遵循的基本原则。多想一想：

今天做什么，明天会更好？

今天怎么做，才能让未来享受今天所做之事的收益？

问题总会有，遇到问题，是不是努力在解决问题？

面向未来时，是不是更加着眼于现在？

正在做的事情，是不是有未经思考的习惯动作？

正在阅读的书，投入了时间，未来会因此有所收获吗？

·········

面向未来，不要消耗现在。现在是为了更好地着眼于未来，而不是纯粹跟随习惯去做事。

花出去一笔钱，不是单纯地买买买，而是要考虑投资属性，这样未来会有更多钱回到手上。购买产品时，不停留在单纯消费的阶段，而是要购买生产力工具，用了一段时间，还能产生资金回流、创造价值。不是说不消费，生活中一定有消费，但应控制消费的额度，并且尽可能减少支出，更多地投资未来。

本金越多，带来的收益越大。最好在做决定之前，就已经确定这笔钱一定会赚回来。

如果一笔钱投资出去，可能赚回来，也可能赚不回来，那就是投机。**如果一笔钱花出去，就确定未来一定能赚回来，而且能赚很多倍，那就是好的投资。**

投资做得好的人，缺的不是赚钱的机会，而是本金。比如，用 100 万元的本金和 100 亿元的本金赚到的钱，所需要的机会和风险，是完全不一样的。在日常生活中，很多行为可以在做之前先判断对未来是否有用。如果此行为做了之后，不仅没用，还可能后患无穷，就不要做。

比较好的行为是，做了之后长期会有收益，以及每天保持该行为相对比较简单，甚至做出该行为之后，所有动作和行为都是可控的，发展走向也在可控范围内，不用花太多时间关注。比如，花时间阅读就是可控的，阅读时间不会太长，每天都可以做，还可以选择自己的阅读方向和阅读内容，行为简单且有长期收益。另外，花时间完成自己的作品，打磨专业能力让自己成为专家等都是比较好的行为。

简短地回顾过去是为了更好地面向未来，把握现在也是为了更好地着眼未来。

# 1.5　一件事做很久很久

## 1.5.1　长期坚持的 3 个关键因素

你做得最久的一件事情是什么？

一个人的时间、精力都是有限的，能长期坚持做的事情只是少数，如阅读、写作。

真正把一件事做很久，看起来是坚持，实际上不是，它应该是一种自然的动作和习惯。

我从 2013 年 9 月开始做时间记录，到现在已经接近 10 年，而且还在继续。我敢确定，对于时间记录、语写、阅读，在未来 10 年、20 年甚至 50 年，我一定会继续做下去。

把一件事做很久，就要以 10 年为单位来考虑。如果一件事情不能持续很长时间，就要重新考虑是否要持续做。从长期来看，短期的事情只会产生短期的结果，短期的事情长期做产生的价值是有限的。除非这件事在短期内产生的收益很高，很值得做，才考虑去做。

真正的"长期"，是通过"长期"本身来展现的。认真思考一下这句话：**真正的"长期"，本身就需要长期来展现。**

很多时候，做很多事情的动作并不会太复杂，但真正从 0 到 1，坚持做一件事，在固定的时间做固定的事情，应该需要很长的周期。

把一件事坚持做很久，要考虑 3 个因素。

第一，有没有必要做？

坚持做一件事，首先要考虑的核心要素不是能不能，而是有没有必要，一定是有必要才做。如果这件事没有必要做，则不存在长期坚持的意义。

第二，有没有长期价值？

长期来看，没有价值的事情，即使傻傻地坚持，也不会有成果。

第三,能坚持多长时间?

很多人会在做事之前犹豫:要做这么长时间,不知道能不能做到?要坚持做的事情,是不是去做就一定能做到?

不要等到真的去做时才来回答这个问题,而是在做之前就必须回答这个问题。我们要考虑做一件长期的事情,要持续很久,应该怎么做?一开始就要确定坚定的信念:这件事会做 10 年、20 年或 50 年,有了截止时间就有了明确的目标感,否则很容易中途放弃。

打算做一件事,不是在做到一定程度之后再决定要不要坚持下去,而是在开始前就决定要坚持多长时间,然后努力达成这个目标。

以时间记录为例,有些学员说他们目前没有能力坚持做时间记录。我告诉他们,如果他们打算做 50 年,他们会发现自己自动获得了这项能力。打算做 50 年,意味着有 50 年的时间把这件事做成,怎么可能没能力做到呢?暂时没时间,暂时没能力,不等于在更长的时间范围内不能具备这项能力。即使现在没能力,也可以去学,用 50 年的时间去学,还有什么学不会呢?《时间记录》这本书就是帮助读者把时间记录这件事坚持下来。

为了让更多的人坚持做时间记录，我写了《时间增值》《时间价值》《时间作品》，把时间记录过程中的心得持续地进行更新。毕竟一件事做 10 年、20 年、50 年等不同时间长度产生的体验不一样。

开始做一件事之前，很有必要确定最后能取得多大的成果。换句话说，你正在做一件事，也许还没有搞定，但是已经确定自己一定能搞定，这样就能确定自己到底能坚持多长时间。

比如，你喜欢阅读、想学会阅读。如果在未来 50 年，都确定自己是一个喜欢阅读的人，那么最近两年会不会阅读，或者阅读效率高不高都不是重点，重点是你一定会朝着这个方向努力。

不同的人，学东西有快有慢。如果确定自己能把一件事做很久，那么在 50 年的长度上，即使前面 48 年都走得很慢，到第 49 年终于想明白了，学习速度快起来了，虽然看起来有点晚，但是通过过去 48 年的努力和积累还是能把事情做成。这也是一种人生体验。

要做一件事，不等于有能力做这件事。一旦开始做，意味着即将获得做这件事的能力。所以在开始之前，需要确定这件事到底要做多久，这意味着要做好计划，需要把这项即将具备的能力应用多久。

　　举个例子，我从 2013 年开始做时间记录，打算做 50 年。在 50 年的长度上，万一前面 5 年失败了，第六年学会了并掌握了这项能力，接下来还有 45 年可以继续应用这项能力，做好时间记录。事实证明，不用 5 年就可以把时间记录的习惯养成。

　　决定坚持 50 年，就不怕失败。万一失败，也没关系，从头再来即可。如果是以短期为单位，很多人可能连 3 个月都没坚持到就直接放弃了。如果以 50 年为衡量单位，3 个月就是很短的时间。

　　有时，坚持不在于坚持做什么，而在于下定决心坚持多长时间。能力暂时没有不等于长期没有，只要去做，就可以做很久。

　　总结一下，坚持做一件事要考虑的 3 个因素包括：有没有必要坚持？能不能创造长期价值？能坚持多长时间？

## 1.5.2　下定决心，就能坚持很久

　　将一件事做很久，和能力没有关系，关键在于你是否打算拥有这项能力；不在于目前你是否有这项能力，而在于你是否

打算长期坚持做一件事。刚开始的决心，决定了你可能会坚持的时间。如果坚持做一件事，和做这件事所需要的能力没关系，那么我们几乎可以拥有做所有事情的能力，并且同时拥有坚持下去的能力。

一旦有了做好这件事的信心，那么有没有能力暂时就不是那么重要了。确定自己能做好这件事，并且会在做事情的过程中培养需要具备的能力，就能做成这件事。一旦做成这件事，又有了做成这件事情的信心。

**一件事做很久，关键不在于一开始就具备坚持很久的能力，而是在做事之前就下定决心要坚持很久。**也就是说，如果你正在坚持做一件事情，而且有坚持很久的决心，那么你慢慢就会具备坚持做很久的能力。

打个比方，打算做 50 年的时间记录，前面 3 年没有学会，第四年开始入门，第五年会了一点点，第六年终于学会了，第七年在坚持，直到第五十年。前面的 7 年是一个学习和练习的过程，学习到位、练习熟练后，自然就能坚持下来。

有时，最终能取得怎样的结果，取决于出发时你心中有怎样的信念，带上了怎样的决心。很多事情看起来做得很慢，只要不放弃，就不会太慢。因为做着做着，时间的复利会让你的能力快速提升。

阅读，就是这样。只要你下定决心坚持阅读，不管你现在有没有阅读的能力，有生之年一定可以获得，哪怕没有任何人教你。原因很简单，世上存在的关于如何阅读的信息已经足够多了，而获得阅读能力的关键从来不是什么方法，而是直接去读。

如果一个人能培养出做一件事情的能力，那么他自然就会对这件事比较擅长。《卖油翁》一文中说的就是这个道理。一个人善于射箭，因此十分自傲。有一次一个卖油翁看到他射十箭中了八九箭，只是微微点点头。于是他问卖油翁："你也懂得射箭吗？我的箭法不好吗？"卖油翁说："无他，唯手熟尔。"然后，卖油翁拿出一个葫芦放在地上，把一枚铜钱盖在葫芦口上，慢慢地将油注入葫芦里，油从钱孔注入，铜钱却没有沾一滴油。

不要追求所谓的快速阅读，只要坚持阅读，速度慢慢就会有所提升。就像开车，刚学会开车时很紧张，容易手忙脚乱，车速也快不起来。等开车的次数多了，车速自然就会快起来，甚至想着快一点、再快一点。但速度和安全要兼顾，因此要限速。世界上有一些地方的道路不限速，想开多快就可以开多快，但前提是保证安全。如果无法保证安全，那么还是慢一点比较好。

阅读和语写都是如此，并不是越快越好。即使阅读速度很快，翻完一本书如果没有一点触动和收获，那么也是白读。语写速度再快，如果文字输出正确率比较低、语气词过多，则语写训练效果也会大打折扣。要把握好其中的分寸。

想把一系列事情持续做很久，最重要的是下定决心。每当有学员报名参加课程时，我都会问一句："这件事情，你打算坚持做多久？"如果他打算坚持的时间比我提供服务的时间还短，那么他就没必要来报名。如果他打算坚持很长时间，甚至比我提供服务的时间要长 10 倍、20 倍，甚至 30 倍（比如，我提供 2 年服务，他打算坚持 20 年、40 年，甚至 60 年），那么就值得参加课程，我也会很期待能辅助他。

我喜欢与"打算把一件事情坚持下去的人"做生意。这样老了后，还有可供交流的话题。几十年后，可以一边回忆一边说，我们以前是一起学习的，并且把一些事坚持了大半生。

我们所提供的服务和课程，其目的是在生存基础上求发展，要提升修养并对自己有要求。有人可能会在训练中觉得自己的状态不好。但要告诉你的是，不是所有人都觉得自己每天的状态很好。真正的高手是，不管状态好不好，都可以调整自己的状态去做事。不管外部环境怎么样，一定有人可以通过自己的努力调整好状态，更好地面对生活。

2022 年有很多人觉得自己很困难，但依然有人活出了最好的一年，收获了很好的成果。以我为例，2022 年，完成直播 1000 场，当年的阅读量是过去 10 年中最大的。任何事都是一体两面的，要看到积极的那一面，并主动抓住机会。

**最好的状态是，不管外界发生怎样的变化，自身都在不断进步，有变化就调整自身的状态。**在生活中坚持做几件事情，一有时间，就马上去做。一有时间，就阅读、语写，盘点一下时间记录，算算花了多少钱，规划一下未来的人生……

### 1.5.3　用一生去坚持

时间花了就没有了，钱却有可能越花越多，就看你如何使用已经获得的钱。如果你的支出大于收入，并且持续了一段时间，钱便会越来越少。但只要控制支出比例，让支出小于收入，花钱时确定是在创造和提升价值，钱便会越花越多。

一般情况下，我收学员时会问他是否有负债。大家最好在没有负债的情况下购买课程或服务。在生存基础上求发展，一直是我的理念。如果你还在生存线以下挣扎，则要先想办法维持生存。想继续学习，可以保持最低的学习支出，以便留下更多的钱来还清目前的负债。阅读就是性价比很高的学习方式。

只有在相对自由的情况下，才能把一件事做很久，这就是"自由才能创造"。一个人只有吃饱穿暖，才能保证持续学习，这就是在生存基础上求发展。如果温饱问题都没有解决，则必须用尽全力先保生存。

人们大多会尽可能地让自己过得舒服，但又能适应各种各样的环境。当生活发生突变，不得不适应新的环境时，人们也能很快调整适应。快速适应环境，不是能力的问题，而是人们的一种本能。

当一个人被放到危险的环境中，他自然会解锁如何避开危险的能力。一个人在环境中有所成长，是因为他在此环境中不断历练，并克服了很大的困难。当一个人没有钱，要赚钱才能活下来时，他赚钱的动力会变得很足，和不缺钱的时候比起来，此时他的赚钱能力明显有所提升。

大部分人所拥有的能力，只要发挥出来，都能让自己保持在生存线以上。只要把已有的能力发挥到极致，再慢慢地赚更多的钱，财富便会越来越多。

如果你下定决心，说："我这辈子要很有钱。"那么，现在有没有钱不重要。重要的是，通过"下定决心有钱"这件事，去做和有钱相关的事情，培养致富的习惯，学习理财投资，学习有钱人的思考方式和行为习惯……不断去学、不断去做。你可能在 30 岁时还没有钱，但你用一生去提升创造价值的财富能力，到 80 岁时还能没有钱吗？

如果你在 20 ～ 30 岁，把所有能用的时间都用来学习，也许在 30 岁时没有获得巨大的成就，但到了 40 ～ 50 岁，积累便会逐渐显现，也许那时你没有像 30 岁时那么拼，但也能赚到许多钱。

为什么呢？因为到了 40 岁以后，前面十几年已经证明了你的能力。

首先，专业能力过硬。如果一个人的专业能力有问题，那么他不可能在一个领域待十几年。

其次，解决问题的能力很强。一个人在某个领域深耕了十几年，那么这个领域内的大部分问题他可能都遇到过，也解决过。

最后，有坚持做事的能力。一个人持续在一个领域深耕十几年，其成就大概率不会差到哪里去。人们最喜欢合作的对象是那些已经用时间证明了自己能力的人，而不是那些今天做这些、明天做那些，最后也不知道具体做了什么的人。

如果你是这样的人，现在就要下定决心，找到一件事，做到 80 岁。怎么找到这件事呢？看看过去已经投入了大量的时间的事情是否可以持续创造财富或积累价值，如果可以，就继续做，如果不可以就转换目标。

投资人最希望看到的是年轻人未来的潜力，而非现在的绝对值。因为刚开始，大多数人都是独自奋斗的，到达一定程度后，时间会自动为有价值的事务设定增值。**你可以是自己的投资人。**

生命本身是一个故事。

读《人生由我》时，看到了梅耶·马斯克的故事，谁不觉得她的人生很精彩呢？那么你是否可以像她一样，用 30 年或 50 年时间去创造一个精彩的故事呢？

你可以马上做决定，也可以什么决定都不做。这和定目标是一模一样的原理。计划把一件事情做很久等同于下定决心把这件事做很久，这和最后有没有做那么久、有没有能力做那么久，可以分开分析。

因为你现在才刚刚出发，只是说要去一个地方，至于用什么方式去、什么时候去和去的时候花多少成本，都是后续需要考虑的问题。如果你不用去了，自然不会考虑解决方案。一旦下定决心要去，就会看这个地方具体是哪儿，接着思考该怎么去。

这个地方一定要非常明确，明确到你告诉任何一个人，对方都知道这是哪里。另外，你可以寻求其他人的建议：该怎么去，坐飞机、搭高铁、开车、打车，还是骑自行车去？不同的方式，也取决于目的地在哪。如果目标足够明确，其他人一听就知道，就可以给予帮助和建议。人们比较愿意帮助有明确目标的人。

目标要有截止时间，也要明确打算把这件事做多久，并且要把这些事情告诉别人或告诉自己，还可以告诉未来的自己。全世界一定要至少有一个人知道你要把这件事情做很久。只要有人知道了，你就能下定决心去做，接下来就是提升能力。

要做一件事，刚下定决心就具备做成的能力，还是很难的。

假设一个小朋友说："我长大要成为一个科学家。"他说出这句话时，不可能立刻就有成为科学家的能力，但是他可以花几十年的时间朝着成为科学家的目标不断学习、成长，让自己变得专业。这样是不是提前看到了一个人的未来？

成年人也一样，可能现在一事无成，可能觉得自己状态一般，可能很自信、很有能力……不管现状如何、能力如何，人们都可以用这套方法和理论来塑造自己。

不管过去的能力如何，人们都要思考自己到底要去哪里，要花多长时间去实现这个目标。接下来再考虑是一个人慢慢去，还是找一个团队一起去，要不要找一个教练带，或者暂时不动，准备好清单列表后再去……想清楚后，实现路径就会很清晰。

如果决心不够，或者没有打算全身心塑造自己，能力一般，且不打算行动，那么明天和今天并没有什么不同，长期也不会有太大的发展。

想象一下，30 年后，你是什么样子？如果想不到，往前看30 年（假设你已经超过 30 岁了），还记得自己 30 年前是什么样子吗？30 年前的你，能想象自己现在的状态吗？以前什么都不懂，也能成为现在的样子。现在比 30 年前懂得多，能力也强，能做的不是更多吗？选择想要取得成果的领域，用 30 年去做，足够把自己的身心重新塑造一遍。

　　把一件事情坚持很久，坚持到不能坚持的时候再坚持一会儿，做到此生无憾。每个人都应活出自己的精彩，你越厉害，越能影响更多的人。你的优秀不会阻碍其他人变优秀，你的优秀可以带领更多人变得优秀。

　　世界就是这么发展起来的，你承担着让自己变优秀，以及带着身边的人一起变优秀的责任，也拥有让自己变优秀和让身边的人变优秀的能力。

# 第 2 章　行动为箭——
# 把力所能及的事做到极致

# 2.1 把自己训练成一个说做就做的人

## 2.1.1 说做就做

2022 年，我做了 1000 场直播。大约从第二百场直播开始，连续 260 多天，每天直播 3 场，每次直播大约 30 分钟，主要分享我当天的成长与收获，偶尔也会邀请学员们分享自己的实践心得。

一件事持续做一年会带来什么结果？这取决于你想做什么样的事。一年大约 365 天，即 8760 小时，可以做很多事。如果你对时间的把控比较强，一天就可以做很多事。

要做到这一点，有一个前提：要把自己训练成一个说做就做的人。如果你是一个说做就做的人，很多事情看起来有一定的难度，但行动起来之后，一些看起来有难度的事就可以做成。如果你只想不做，那么事情即使没有太大的难度也做不成。如果直接去做，做出的成果会比想象中的好很多。

1000 场直播一开始只是一个想法，我并不确定自己能不能做成。计算数据后发现必须坚持，一旦无法坚持，大概率会完不成。确定计划后，每天直播 3 场就是实实在在的行动，每天不管安排多少事，都必须完成 3 场直播。最终我达成了目标，完成了 1000 场直播，粉丝见证了整个过程。

记住这 4 个字：说做就做。不要总是想了很久，却没有行动，一旦想清楚了，直接去做即可。

会不会遇到困难？一定会。有没有可能完不成？有可能。会不会浪费时间？也有可能。比如，我做 1000 场直播，并不敢保证 100% 完美。但可以确定的是，只要去做一定能找到解决方案。

2022 年，我基本保持了每天 3 场直播的节奏，每次持续30 分钟。一年下来，直播总量就达到了 1000 场。这个过程，除了我自己，只有极少数人完整地经历了。

做任何一件事，尤其是难度大、周期长的事，真正做事的人，既是经历者，也是唯一的见证者。不管是创业还是做其他事，树立一个远大的目标，行动者本人会见证整个过程，而其他人来了又走，走了又来。就像在公交车上，司机是那个从头到尾都在的人，乘客在某一站上车，到站下车，只有少数人会从始发站坐到终点站。

在这 1000 场直播中，观看得比较多的是学员或忠实的粉丝。刚开始，我没有追求观看量或粉丝量，而是更关注黏性，也就是大家停留在直播间的时间。我在直播间把理念传递给他人，分享实践中的道理，很多都是最简单、朴素的道理。听得越多，感受越深，听众的生活也会受到影响。

**任何事情，如果考虑要不要做，答案就是做。**

先树立一个大目标，再问"收获"，在做的过程中思考：如果要有收获，应该怎么做？也就是一边做，一边考虑：如何做成？如何做出成果？在做的过程中不断调整方向，这会让你感觉自己有非常大的进步空间，可以发挥自己的潜力，获得更好的成果。

不管做什么，最有收获的人一定是参与其中的人。经历和见证完整过程的人是做事的人，他也是收获最大的人。

成长是阶段性的。一开始不知道怎么做，后来知道怎么做了，再来进行优化、迭代。

一年做 1000 场直播，一年语写 3000 万字，一年读 100 本书……一年能做的事情很多，选择你希望做到和期待做到的事，身体力行地做到，努力达到自己的极致。

也会有人问，一年花这么长时间做这些事，值得吗？对于这个问题，如果你找到了真正喜欢做的事，可以暂时不管。时间总是要花掉的，不做这件事，就会做那件事。相同的一年时间，"刷"信息难道比主动做直播、语写、阅读更有意义吗？

具体做什么不讨论，只说做到了什么。值不值，是一件见仁见智的事。关键不在于"做"什么事，而在于能够"做到"什么事。这件事最好有一定的难度，"做到"的过程是磨炼心智、进阶成长、思考未来、影响他人的过程。

人和人一开始并没有什么不同，无非就是体力活干得多一点，对自己要求高一点，然后逐渐拉开了距离。我们无法要求其他人，只能要求自己去做到。**说做就做，在力所能及的范围内做到极致，才能走向巅峰。**

## 2.1.2　把体力活做到极致

每个人都需要做体力活。不同的人需要做的体力活不同，但都需要做体力活。即使收入很高的人，也一定有一些事情需要他亲自动手。

比如，名人也需要亲自去各地演讲、见支持者、定期见记者，这些都是体力活。即使他已经代表一种形象、一个符号，也会有做体力活的需求。

在伯克希尔·哈撒韦的股东大会上，巴菲特和芒格两位老爷子坐在台上回答投资者的问题。尽管一年只有一次，但两位高龄人士要在台上坐那么久，还要高频互动，确实属于一种体力活，有些年轻人也不一定能做到。

不同的人以不同的角色完成不同的体力活。对于每个人的体力活，最重要的是花时间去做。但时间毕竟有限，我们只能把精力放在最重要的部分，花时间做最有用的事情，专注于价值最大的事情。

**体力活，最重要的是实实在在地做。** 不做，永远不知道可能出现哪些问题；做了，会慢慢遇到问题，继续做，解决一个又一个问题。把体力活做到极致，事情大概率也就做成了。

做直播，是一种体力活。

做了近一年的直播后，我才慢慢变得从容起来，尤其是在进行超长时间的直播时。

第一次进行 12 小时直播是在 2021 年 12 月 12 日，从中午 12 点直播到晚上 12 点。当时还挺紧张，感觉手忙脚乱。2022 年又做了几次 12 小时直播，感觉轻松了许多。

拿手机来说，以前总担心手机电量支撑不了 12 小时。因为在直播中，即使手机一直充着电，电量还是会往下掉。后来我把 GPS、蓝牙，以及无关软件都关掉，把手机从性能模式调为省电模式，这时充电速度就比放电速度快了很多，再也不用担心直播到一半手机没电了。在这个过程中，感觉手机也在做体力活。

看直播，是一种体力活。

视频号直播有粉丝团功能，通过这个功能主播与粉丝之间可以进行互动。如果你喜欢一个主播，花了很多时间看他的直播，那么加入粉丝团，提升与主播的亲密度，就可以获得主播更多的关注。

亲密度如何提升呢？这就是体力活了，每次看主播直播的时候，完成相应的任务就可以增加亲密度，这些任务包括达到一定的观看时长、发表评论、分享直播间、赠送礼物……完成的任务越多，亲密度越高，粉丝团等级越高。达到不同等级，还可以解锁相应的特权奖励。

当然，不是每一个人进入直播就能自动成为粉丝、积累亲密度，粉丝团还有一个准入门槛——点亮粉丝牌。只有主动做了点亮粉丝牌的动作、确认意愿，才能成为主播的粉丝，才能通过观看、评论、分享这些体力活积累亲密度。这就相当于在一个平台上进行账户注册，才能在这个平台有属于你的记录和积分，否则停留的时间再长也是游客。

只要长期关注一个主播的直播，就可以点亮粉丝牌，开始积累亲密度。接下来就是做体力活。系统给不同体力活设置了不一样的权重。也就是说，完成不同体力活的成果是不一样的。一般来说，体力活干得越多，收获越大。假设设定一个目标，要达到 100 00 的亲密度，这就要把体力活做到极致，增加观看时长、分享直播间、发表评论，按照系统设置把能拿到的亲密度都拿到。

阅读，也是一种体力活。

读了一定数量的书之后，会有各种各样的"困扰"。

比如，一本书看完后存放的位置。有些书会经常读，有些书第一遍看完就决定再也不看了，把不看的书和经常看的书放在一起会增加找书的时间成本。经常看的书，最好放在随手能拿到的地方，想看的时候快速拿出翻开，马上阅读。那些再也不看的书，可以放到床底下或仓库，收起来。当然，也可以卖二手书，既环保又经济。

又如，想看一本书，却买不到。有时，我们很想看一本书，但它已经绝版了，到处都买不到。还有一些特别的书，如签名版或某个名人看过的书，更加稀少。有一些牛人读过的书很贵，不是因为这些书本身很贵，而是因为这些牛人读了这本书，而且让书里的知识"活"了过来，活出了书中的人生，让这本书被"读"得很贵。

你也可以想办法把自己的书"读"得很贵。方法就是读一本书，记下笔记，写下心得，并且做到位，再过 30 年或 50 年，这本书可能就是非常有价值的藏品。你让自己活出书里的风格，把自己打造成一本书的作品，这才是最值钱的部分。

以我为例，做过笔记的书我一般都舍不得卖出去，也舍不得扔掉，而是将其收藏起来。我也很好奇自己有生之年能收藏多少本书。

这么多书，搬来搬去也是体力活。根据记载，曾国藩在京城生活了 14 年，陆续买书 7000 余册，大概有 2 万至 3 万卷，将这些书从北方运到南方，需要花很多力气。他为了方便阅读、使用自己的书，修建了 4 座藏书楼，藏书量达 30 多万卷。

在家里打造一个阅读空间，也是体力活。我有一个习惯，每住一个地方，只要待的时间比较长，就会安排一个专门的阅读空间。阅读空间不用很大，能摆张桌子、放把椅子就行，最好能靠窗，白天借自然光阅读比较舒服。

销售，也是一种体力活。

知名的销售员乔·吉拉德的体力活是发名片。他每次和人见面，一定会分发名片，并且坚持让对方收下。他说做销售，一定要让对方知道你在卖什么。

这么多名片，随身携带，一张张分发，这是纯粹的体力活。

创业，也是一种体力活。

创业前几年，要做很多体力活。很多琐碎的事情，看起来难度不大，但很重要，不去做便可能遇到一些阻碍。

比如，搭建团队、对接客户、申请公众号、开网上店铺、上架商品等，这些都是体力活，从事不同行业的人在创业过程中要干的体力活不一样。有人觉得麻烦，不去做，但后续又有需要，就不得不去做。

其实这些体力活，很多人都知道怎么做，就是要花时间做简单的动作。如果一直怕麻烦，就会一直遇到麻烦，收获不了什么大的成果。

**在一个领域做到极致，关键就是反反复复地做简单的事情。**

生活中还有很多体力活，有没有哪种体力活，你做到极致了呢？

## 2.2    把想的时间用来做

### 2.2.1    与其想要不要做，不如直接去做

我曾定下一个目标：2022 年做满 1000 场直播。定下目标后，说干就干，开始直播。原本一天播两场，但按照这样的速度很难达成目标。于是我花了一段时间进行测试，改成早、中、晚各一场，在固定时间直播，这样也比较方便和粉丝互动，帮助粉丝养成观看习惯。

一天选 3 个固定时段做直播，难度还是有一点大。但对于要完成的目标而言，这是比较合适的方法，所以先做，边做边调整。按照这个节奏坚持下来，我在 2022 年 12 月 24 日达成了 1000 场直播的目标。

任何一件事，但凡要持续做都不容易，当需要依赖于外界时更不容易。做直播不容易，听直播也不容易。我安排自己的时间做直播，也建议听众安排自己的时间听直播。

**把想的时间用来做，成果会大很多**。把想的时间用来做，可能早就做成了，根本不用纠结做不做。今后，如果任何一件事有做的可能性，就要想到这句话。

面对一件事，既然在思考要不要，那肯定是想要的，不然不会这么纠结。这个过程看似成本很低，只有时间成本，但时间是不可再生资源，把思考的时间用来行动，行动力会提升、行动时间会增加，还能够更快地获得明确的结果。所以，根本不用纠结"要不要做"。

比如，要不要写作？这辈子不可能不写，写多少是另一回事，那就从现在开始写，这样才能写得更多。把所有想的时间用来写，思路会更加清晰。

又如，要不要读书？肯定要读。与其一直想读哪本书，不如直接去读。在阅读的过程中，你会纠正自己的行为。如果一直不开始读，想再多也没用。

写作和阅读是日常生活中的基本事项，直接去做，成果早晚会出现。

### 2.2.2　有选择，才能说要不要

"有选择，才能说要不要。"这一原则对人生决策同样适用。

很多单身的人一直在纠结，要不要找对象。只有少数人100%确定自己这辈子单身。他们想清楚了自己要过怎样的一生，思考了自己这辈子要做些什么事，包括是否结婚。

大部分人说要不要找对象，并没有考虑一辈子的长度，答案往往在两者之间徘徊。既然这样，要不要找对象的结论非常明确：要！与其一直说要不要找，不如直接去找，不合适可以不要。如果不去找，还谈什么要不要？也就是说，不找就没得选，根本谈不上要或不要。只有在有选择的情况下，才能说要不要。

"要不要做某件事"，这个问题出现的前提是要做，但是做不成，可能条件不成熟，可能资源不够……比如，想上一个课程，学费很贵，要不要买？有钱肯定买，没钱才考虑要不要的问题。一直想"要不要"，还不如撸起袖子好好挣钱。

生活中很多事情都是如此，如买不买某件物品、要不要做某件事……要和不要都不是重点，重点是要解决要和不要之间的限制性条件。

　　如果能把所有的时间用来好好学习、成长，你所取得的成绩一般不会太差。有人会问：这样花时间，是否划得来？把所有想的时间用来做一定划得来，因为"做"锻炼的是能力。一直考虑要不要这件事情，除了没有达成的限制性条件，还需要付出时间成本。

　　人这一生中，有时候的行动力特别强，有时候的行动力可能很一般。我们都希望自己是行动力特别强，或者比较强的人。那是不是把一辈子切成两半，前一半行动力一般也没关系，后来行动力变得很强，并且一直很强就行了呢？

　　与其纠结于现在的行动力强不强，还不如花三五年的时间来提升自己的行动力。行动力变强了以后，可以不使用，但如果你的行动力一直不强，等需要很强的行动力时，再想培养，时间就晚了。

　　换句话说，只要纠结于要不要做，那就个要问，答案是肯定要！因为要的成果就是要了之后可以选择继续要还是不要。如果现在不要，可能后面就会要不起，再想要，要么已经不可能了，要么代价非常大。

　　如果你想要赚钱，那么你要不要先定个小目标，如先挣"一个亿"？你可能会说这是段子。但你要不要呢？要不要是一回事，能不能挣到又是一回事。

先说第一个问题：如果曾经想挣"一个亿"，说明在你脑海中这个目标是想要的。既然想过，那就不存在要不要的问题，肯定是要。再说第二个问题：能不能挣到。如果能挣到，那么直接去做。如果挣不到，则要判断是不是自己的能力不够？如果不够，下一步要做的就是提升能力。

当你的能力得到提升，并且挣到了"一个亿"时，接下来要不要继续再挣"一个亿"？这时的"要不要"就不再是能力的问题，而是选择的问题。因为你已经做到了，再做一次成功的概率很高，可以选择要或不要。

这才是真正的选择：不是在没有能力之前说不要，而是在体验过之后再做出选择。

把生活中很多看起来要做选择的事情变成直接去做，那么你的行动力、你所能取得的成果会比想象中的大很多。不压抑自己的个性，是一种生命的真谛。但凡好事、**但凡对生活有益的事，不要问要不要，直接做**。能力不够，时间来凑；再不够，努力来凑，即使将 1 天当成 3 天过也要做成。

## 2.2.3　专注目标，聚焦行动

有的人会定下挑战目标，如一年完成语写 1000 万字的训练。时间到了，看一看完成了没有。如果完成了，则说明他做对了，明年可以定一个更高的目标。如果没有完成，则他会遇到一个问题：日期过了，但目标尚未实现，要不要继续去实现目标？

目标是否达成的关键是注意力是否在目标上。假设两个人定下同一个目标，一个人朝着实现目标的方向努力，并且坚持不懈，最终达成了目标。另一个人把目标写下来之后注意力转移了，结果一问，要么就是没有实现，要么就是根本不记得还有这个目标。尽可能让自己成为第一种人，把注意力放在重要的目标上。

我们不可避免地会说出一些没有实现的事，这和能力没关系，关键是注意力在哪里。**只要注意力在目标上，达成目标的概率就会高很多。**

能力足够了，考虑"要不要"就是做出一个选择。在日常生活中，你做出了多少你觉得要达成的选择？

我目前创造的几个体系有语写、时间统计、阅读、记账、人生规划等，这一系列内容已经足够让一个人用一辈子来实践。已经达成的极限不是真正的极限，这几个体系都没有真正的极限，不管做到什么程度，都还可以做得更好。

如果你真的用一辈子的时间来做语写，那么你所取得的成果会比想象中的大得多。前提是你真的在下定决心的那一刻直接去做，并且真的用一辈子去做。

人生是无限的：收入没有上限，生命质量没有上限，能取得的成果没有上限。就好像练功夫，不管练什么招式、用什么武器，练到极致，都是高手。

通过写作赚钱，有没有可能赚到1亿元？不仅有可能，而且历史上有人已经做到了。现在网络、自媒体发展得很快，除了版权，还有改编权、授权等变现方式，好作品绝对有赚到1亿元的可能性。

再来说阅读。先问两个问题：你是否觉得阅读很重要呢？你有没有每天阅读呢？大部分人会觉得阅读很重要，但不一定会每天阅读。大多数人的阅读量远远不够。

纠结于要不要读书的人，有时会认为读那么多书都用不上，反而会读成"书呆子"。大量阅读的书中，的确有很多内容可能用不上，但极少人会读成"书呆子"。过去所说的读书读成"书呆子"，是指沉溺于读书而不通人情世故的人。现在每个领域都有非常多的研究，还要求实践应用，加上交流的方式很多，线下可以和兴趣相同者交流，线上可以做直播、拍视频、写分享心得，变成"书呆子"的可能性非常小。

还有人会问：读书会不会压抑自己的思想？就像跑步，可能伤膝盖。如果你每天只跑 1~2 千米，或者 30 分钟，只要热身运动做到位就不用太担心。跑到伤身体，可能是因为准备动作没做到位或动作不对，或者是因为平时不跑步，超出了自己的体能极限，这样身体肯定会"抗议"。

阅读也是如此。每天阅读 30 分钟，或者读几十页书或一两万字，这个输入量比起其他渠道的信息输入量根本不值一提。更何况，大部分人已经经历过一波知识"洗礼"，每天输入、输出，大脑经过训练已经很强大了。普通的阅读量不会使人感到压抑，大部分人的阅读量还达不到这种程度。与其一直纠结要不要读书，直接去读的收获会更大。

从一辈子的角度来说，在 30 岁之前，不管在什么领域都要花一些时间去练习，把这一生需要的基本技能练好。练好基本技能之后，就能享受其带来的收益。阅读这项技能，要花三五年时间练习。不管读什么书，只管去读，习惯养成后，有了余力，再来仔细挑选要读的书。

有些人没有取得比当前更大的成果，就是因为书读得不够多。每天阅读，就像每天吃饭，身体知道极限在哪里，我们不会一直吃饭，撑到完全吃不下，也不会一直阅读，读到大脑完全接受不了。吃饭觉得饱了就会停下来，阅读读到读不下去，注意力就会转移到其他事情上。

阅读能不能赚钱？有没有人通过阅读赚到1亿元呢？我相信有。有些书专门教你如何赚钱，如《财务自由之路》这本书的副书名就是"7年内赚到你的第一个1000万"，如果你真的按照这本书的方法在7年内赚到了1000万元，就能赚到第二个1000万元，而且用不了7年，接下来是第三个、第四个……第十个1000万元就是1亿元，赚到的时间少于70年。所以赚钱的方法，书里也有答案，关键还是去做。

如果你还在想要做什么，与其花时间想，不如直接去做。那些你不想做的事情，连思考都不会思考。一旦有了想法、开始思考，说明你的能力多多少少已经能够触及这件事的边界，但是要完成可能还有点难度。

就像武侠小说里的主角说："我要成为天下第一高手。"他至少要知道天下第一高手是谁，擅长什么功夫，厉害到什么程度……一般来说，这些顶级高手不会出现在小说的开头，而是在关键时候出现在主角面前，帮助主角完成英雄之旅，如张三丰之于张无忌。

人生也是如此，财富的增长、见识的拓宽、阅历的丰富，都要积累到一定阶段才会发挥巨大的作用。有时，限制我们的不是能力，而是见识。因此，我们要努力挣脱束缚，直接去做，多长见识。

不要等待某个特定的时间。一个人的生活极少会在很短的时间内发生天翻地覆的变化。不管外界怎样，我们要关注的是到底能不能做事情？想不想做事情？

长期要做的事情，可以做 30 年，甚至 50 年的计划。做周期这么长的事情，高峰要快速发展，低谷也要坚持下去。

要不要看一本书？最理想的状态是马上翻开书来看，想看就看。

要不要学习一种技能？马上去学，想锻炼什么能力就去锻炼什么能力，学了再说如何用。

要不要做一件事？**从想做到开始行动，两者之间的时间差要缩短到分钟级别。**

想做什么事，不要在几年后才开始行动，要从现在开始行动。今天就做一点点，一点点推进，比几年后再行动所能取得的成果要好很多。

## 2.3　知道做到

### 2.3.1　探索可以做到的能力

拿一张纸，画一条横线，从左到右，代表从不知道到知道；再画一条竖线，从上到下，代表从做不到到做到。画出来以后，有 4 个维度：不知道也做不到，不知道但可以做到，知道却做不到，知道也能做到。

不知道也做不到的事情、知道也能做到的事情可以暂时放一边，先关注那些不知道但可以做到的事情，以及知道却做不到的事情。

不知道也做不到的事情很多，不知道但可以做到的事情也不少。每个人都有无限潜能，能够做到的事情很多，但是在能力被激发之前，不知道自己是否能做到。实际上只要有人点拨一下，或者在挑战中突破，又或者通过有意识的觉察，把这些不知道但是能做到的能力激发出来，把不知道变成知道，接着去做到，就能做更多的事情。

危急时刻，一个人能瞬间迸发出前所未有的力量。画师创作超级英雄绿巨人的灵感，据说来自母爱的力量。绿巨人的画师在一次访谈中说，他能创造出绿巨人，源于一次亲身经历。当时他看到一个孩子在玩滑板时被卡到了汽车旁的下水道里。孩子的母亲赶过来，焦急万分却无可奈何。绝望之下，她居然一个人抬起了汽车，救出了自己的孩子。故事中妈妈的这种力量平时就藏在她的身体里，但没有人知道她有这个能力，碰到紧急情况才会被激发出来。

我们的身体里也藏着一些类似的力量。有时，我们发现自己突然能做到一些事情，这些事情是以前从没想过自己能做到的。实际上，这并不是突然能做到的，而是过去就有能力做到，但是自己并不知道。做到之后，才发现原来自己还可以做这些事情。

如何激发这种自己不知道的能力呢？方法是多探索，让自己置身于不同的环境中。世界再大，你所在的地方都是小的。

如果要选出世界上最大的地方，一定在你现有的环境之外。

给你一个选择，选出世界上最大的地方，你会怎么选？在你所站的地方画一个圈，不选圈内，选圈外，圈外的地方最大。我们自身的能力也是如此，把自己知道的能力画个圈圈起来，圈外那些不知道的能力才是最大的能力。

还有一些不知道的能力，是人的本能。比如，人生来就会吃东西，这是一种生存的本能。刚出生的婴儿会吸吮母乳，逐渐学会吃其他东西，学会拿勺子、拿筷子，都是基于这种本能。

不断探索自身的能力，画一个圈，然后去圈外探索。世界上最美好、最有趣、最有意思的地方，都需要主动探索。能力也是一样，把已知的能力划出来，不断去探索那些不知道的能力，可以做更多的事情。

只要把知道及能做的事情做到，你会被自己惊到。换句话说，只要做到自己已知及有能力做到的，就可以让自己大吃一惊。如果稍微探索自己不知道的，会"大吃三惊"。

有一些知识点，从来不知道，但知道以后，发现它们特别有趣。有一些人从未见过面，一旦"面基"之后，就觉得特别投缘。

这些都属于自身不知道但可以做到的事情。人也好，书也好，事情也好，能力也好，即使现在不知道，未来也有无限可能。每个人在此生都有一个非常投缘的人尚未出现，未来 30 年或 40 年，你会碰到一个非常投缘的人，你们可能志趣相投，可能不打不相识，可能相见恨晚，可能在不同的时间维度获得了同样的道理。

### 2.3.2　不断地从知道到做到

暂且不管知道什么、做到什么，都应告诉自己 3 句话：

一是，我不能光知道，我要做到；

二是，我把知道的做到就好了；

三是，我只做到知道的事就够了。

也就是说，不用去做那些现在还不知道的事，只需要做已经知道的事，并且把已经知道的事做到极致就够了。知道，不能停留在感觉知道，要确定知道。确定知道，最好的标准就是真正做到。**实践证明存在，只有在现实生活中真正做了才能证明它的存在。**

比如，你有一个很好的习惯，这个习惯属于很多人知道，而且你也做到了。

很多人觉得阅读是一个好习惯，但只是知道阅读是重要的，却没有真正去读。只有真的做到认真阅读，让阅读在生活中体现它的重要性，才是把"知道的"做到了。

也有人一直说，学习很重要。平时，遇到一个人，他是否处在学习状态里，聊一会儿就能感觉到。一般情况下，和一个持续学习的人相处，会感觉比与完全不学习的人相处好很多。因为持续学习的人会把自己不知道的事情，逐渐转化为自己知道的事情。他能开放性地接受全新的事物，即便聊到完全不知道的事情，他也会认真倾听，试着理解。

和爱学习的人聊天，一般会感觉愉快，不会聊着聊着很快就没话题了。有的人完全不接受自己不知道的事物，更谈不上做到，聊一会就聊不下去了。

一个真正持续学习的人，遇到全新的事物时不会否定、不会拒绝，而是保持开放的心态，把不知道的事情逐渐变成自己知道的，甚至做到的事情。在这个过程中，可以看到他的进步。也许这一次和他说一件他完全不知道的事，下次见面时他就已经做到了这件事。

以后在一本书中看到一些道理或方法，不能停留在知道，而要转化为行动。只有付出了行动，你对这本书的印象才会变得深刻，再阅读这本书时还会有第二次行动、第三次行动……如果你阅读一本书后，能够产生 3 次行动，则你对这本书的理解会深刻很多。只是看过一本书，知道书里的道理，对书中内容的理解不会很深，过段时间，可能会忘记。

### 2.3.3　想到就做，提升效率

一件事，从知道到做到之间的时间距离被我称为行动效率。知道一件事，想做一件事，到真正开始做这件事，中间的时间差如果是 2 小时，那么你的行动效率就是 2 小时。如果将这个时间差缩短到 2 分钟，行动效率上就提高了 1 小时 58 分钟。这 1 小时 58 分钟并不是真的存在，只是相比以前，感觉提高了 1 小时 58 分钟的效率。

我们应训练一种想做什么就直接去做的能力。如果能够做到"想做什么就直接去做"，使用自己的能力，发挥自己的潜力，将不再受到任何压抑，人生的状态也会变得更好。

与销售相关的书中经常会提到这种能力。以前做销售，都是打电话或上门推销，直接去做，不去想象被拒绝的场景，就不怕被拒绝。想象中的恐惧是最大的，直接去做，恐惧才不会变大，甚至可能不会出现。另外，从事跳伞或极限运动的人也要训练这种能力。

平日多找一些机会，训练自己从想到做、快速行动的能力。想做什么就直接去做，不要压抑自己的个性。有时，想做的事情并不是当下效率最高的，但只要想就去做，因为一直想做而不去做，容易养成拖延的习惯。尽管这件事的效率不是很高，可能事后想起来也会觉得有些浪费时间，但相比只想不做、一直拖延所产生的时间增量，这点浪费并不算什么，甚至很划得来。

想出门就出门，至于出门后要做什么，先出了门再说，大不了再回来。想做什么直接去做，没做好或条件不足就做总结：刚刚出门太冲动了，没带充电宝、没带水、没带伞……发现了吗？这些都有解决方案。比如，出门没带伞，真碰上下雨的情况就到附近的便利店买一把，还可以顺便买瓶水。

不要压抑自己的个性，在日常生活中，如果不是可能产生重大后果，或者对生活产生重大影响的事情，就直接去做。这是一种能力，可以训练。想刷牙，现在就去刷；想洗澡，现在直接去洗；想出门，打开门走出去；想和朋友聊天，就去发消息、打电话，最多是他不理你。当你不再压抑自己的个性时，马上就能感觉自己的能力提升了很多。

做直播，从想到做要多长时间？我只要 2 分钟。早上 6 点

30 分开始直播，6 点 28 分开始准备，2 分钟就足够了。但是用 2 分钟做好准备，不是第一次就能做到的。最初做直播时，要花半小时甚至更长的时间做准备。我练习了大约 500 次，才做到用 2 分钟做好开播准备。不要忽视任何一个 2 分钟，要努力训练自己把想到的事情立刻做到的能力。

如果一件事需要定时做，可以设置一个闹钟，也用 2 分钟做准备，闹钟提前 2 分钟响起就好。设置闹钟，是为了释放注意力，让人不用总是想着这件事，总想看看时间到了没。

不过，不太建议早起用闹钟叫醒，最好是自然醒。不管多么喜欢的音乐，只要被当作闹铃，就有可能不会喜欢了。

观察自己想到与做到之间的时间距离，看一下这个时间距离是多长。比如，今天想做一件事，5 个月后做到了，这个时间距离就是 5 个月。也就是说，从想到到知道怎么去做，再到真的做到，经过了 5 个月。

那么，下一次怎么知道自己是真的知道怎么去做呢？只要把想到的事情的步骤写下来就可以了。比如，想和一个朋友打电话，第一步是拿起电话，第二步是输入号码，第三步是按拨出键。通过这 3 个步骤，就可以做到。能写出这 3 步，就证明你知道怎么做。但也有人会说："我不知道给哪个朋友打电话。"

那么他第一步就是想清楚给谁打电话。一旦把一件事情的步骤写清楚了，就知道怎么去做了。

我曾在深圳组织过一个聚餐活动，灵感来自阿西莫夫的自传《人生舞台》。当时我在食堂吃饭，想聚餐，于是打电话给附近的朋友，过了 5 分钟左右，来了 8 个人。从有想法到落实，前后时间距离不超过 10 分钟。

这样的活动适合有一定经验，并且彼此比较熟悉的人定期举行。比如，在一个小圈子里，大家可以相互赋能、交流经验，话题和内容可以聊得非常深入。一般在这样的聚会中，话题越宏观，越说明大家可能不太熟，话题越微观，越说明大家熟悉、相处和谐。熟悉的人，一般会直接聊事，问细节、问怎么做；不熟悉的人会问最近在忙什么，大方向是什么。这样的聚会没什么级别，大家可以分享各自的问题和经验，在聊天的过程中有自己的主见和判断。

评估一下，自己从"想到"到"知道"，再到"做到"，时间距离到底有多长？是 3 年、1 年、5 个月、10 分钟，还是 2 分钟？"知道"和"做到"之间的距离可以不断缩短。

### 2.3.4　持续创造共赢

读书，可以让你知道一些知识点，这并不意味着你读完就可以行动，就能变得聪明。

每本书对每个人的作用是不一样的，有的书可以扩展人的知识面，有的书可以提升人的理解力，有的书可以展示一种完全不同的人生……比如，看人物传记，要看故事人物的生活细节，有时有些生活细节和趣事可能和你产生直接联系。

举个例子，我一直觉得柳比歇夫很"接地气"。为什么这么说呢？他是一个学者，取得了很多成就。在我们的想象中，可能他是一个"两耳不闻窗外事，专心低头做研究"的人。但看完《奇特的一生》就知道，他也要去买菜。他的收入比较高，但妻子的收入一般，家中的负担比较重。尽管他希望能将更多的时间用于学术研究，但他不得不关注生活中的柴、米、油、盐，并利用琐碎的时间带孩子。这是不是和我们的日常生活很像呢？

在日常生活中，因为经常看书，所以偶尔也会提到一些书。但我提到一本书，只是在说自己看过，并不代表你一定要看。就像见过一个人，不代表你一定要见这个人。如果他特别优秀，我会反反复复介绍；如果一本书特别好，我也会多次提及，如果你感兴趣就可以去看一看。

想买一本书，如果忍一忍可以不买，则说明你不是真的非常迫切地需要这本书。如果你实在忍不住，考虑了反对意见还一定要买，则说明你已经想清楚了，是真的需要，那就马上下单。

想买其他东西，或者想做一件事，都是同样的道理。我常常对学员说："买我的服务或课程不是因为我讲得多好，一定是因为你真的需要。"一个人的需要是藏不住的，并且这种需要一定能真正地改变生活。如果买了我的服务或课程，只是放在那里，不学习、不做作业，我会感觉自己和学员都亏了。

首先，学员付了钱，但没有给他创造价值，我拿着钱也不太心安。他付钱学习，做到了自己从没做到的事情，有进步、有成长，做老师的就会感觉很踏实。

其次，这是一个相互成长的过程。学员买了服务或课程没有成长，他亏了，我也没有真正赚到。因为服务总量到了一定程度就不会卖得更多，而是将一部分时间卖给自己，让自己成长。如果卖给合适的人，业绩达到了，我们都成长了，这才是双赢。

我希望自己的服务，对想要成长的人来说是真正需要的。赚钱不容易，但赚到的每一分钱，我都希望能双赢，而不是说他付了钱却感觉亏了。付学费不能是纯粹的消费，学习之后要有所成长。如果只是消费，既浪费了学员的钱，也浪费了老师的时间。

只有学员好好学习，不断成长，学费才会变成投资，而老师才能发挥更大的价值。这就像你买了一份米饭，却失手打翻了，你既没有吃到饭，米饭也没有发挥它的价值。

做事不能太随意，因为你的人生仅有一次。不能把时间用于想做什么事情上，而应该用于要做和能做的事情上，把能做和要做的事情做到极致。无论做什么事情，关键在于持续。

# 2.4　让"把事做成"变成习惯

## 2.4.1　习惯做成，而非做不成

定下的目标是用来实现的。要努力把事情做成，而不能把"定下的目标不能实现"变成一种习惯。

每到一个关键时间节点，就检查一下目标和计划。比如，在每年 12 月检查在上一年 12 月制定的目标和计划的完成情况，没完成的话接下来如何做？等等。

理想状态是，每年写下一模一样的计划。这说明你在干一件大事，这件大事用一两年、三五年干不成。原因不是没去做，而是这件事实在太大了，每天拼尽全力去做，也需要花 100 年或更长的时间才能干成，以你现在的能力要通过训练再增强

5~10 倍才能做成这件事，这样就对了。

在《奇特的一生》这本书中，柳比歇夫在 26 岁定下了一个目标——建立一套全新的体系。这个目标很可能一辈子都完不成。柳比歇夫开始记录时间，了解自己完成一项具体工作所需要的时间成本，计算出完成目标究竟需要花多长时间。最后，他取得了很多成果，涉足多个领域。

1890 年，柳比歇夫出生于俄罗斯，是一名昆虫学家、哲学家、数学家。他毕生专注于学术研究，学识渊博，生前发表了 70 多部学术著作。此外，他探讨科学史、农业、遗传学、植物保护、哲学、昆虫学、动物学、进化论、无神论等，各种各样的论文和专著约有 12 500 页打字稿。

我们可以试着去定一个目标，这个目标关乎一件具体的事。定下来以后，目标是用来做成的，而不能总做不成，否则会变成"习惯做不成"。

要培养"把事做成"的习惯，需要将一件事情反反复复做很多次，直到形成了习惯。

习惯，是指做一件事在生活中已经变成一种无意识的自然状态，无须任何提醒便会自动完成。

比如，时间记录，不管什么时候，只要场景变换就记录一下。

早上起床，开始洗漱，从睡眠时间切换到处理生活事务时间，洗漱之后吃早餐，是餐饮时间。出门上班，开始交通时间。到公司后，切换为工作时间。

中午吃饭的时间是餐饮时间，午睡的时间就是午休时间，听直播的时间算作休闲娱乐时间，专注地听直播课程的时间算作学习成长时间，和其他人聊天或散步的时间是休闲娱乐时间或社交时间。

下午上班后又是工作时间，下班回家开始交通时间。

到家后，交通时间结束，做饭的时间是生活事务时间，吃饭的时间属于餐饮时间。

晚餐后，散步的时间是休闲娱乐时间，语写的时间是写作时间，陪孩子的时间是陪伴家人时间。

睡前洗漱的时间，是处理生活事务的时间，最后点击一下，记录睡眠时间。

场景切换，时间切换，将场景和时间连接，不断在场景中切换时间记录，日复一日，形成习惯。

一件事做成，并且"习惯做成"之后，可以稍微释放自己的一部分注意力去做其他事情。写作、阅读、专业技能等都可以逐一加入，并且很轻松就能驾驭。

这个过程就像开车，我们刚开始开车时，一般会紧紧抓着方向盘，时刻注意路面。习惯之后，我们不仅能偶尔和车上的人说句话，还能看地图导航，有时碰到复杂情况也能及时处理。

把一件事多次做成后，你处理这件事情的能力就变强了，遇到问题就可以随机应变。

### 2.4.2　如何培养"把事做成"的习惯

让"把事做成"变成习惯。做成一件事，坚定信心；做成1000件事，信心满满。做成一件事，再去做下一件，的确会碰到困难和问题，但从来不怕，因为过去做成的1000件事证明，这件事也一定可以做成。困难和问题是什么并不重要，重要的是，带着解决问题和困难的思路就一定可以做完。

如果想要培养"把事做成"的习惯，可以做两件事：

一是，盘点过去一年已经做到的事情，记录自己的成就，建立信心。

二是，思考明年哪些事情是一定要做成的，列出目标和计划。

举个例子，一些进行语写练习的学员的目标是每天语写万字、出勤率 100%。他们制定的这个目标是用来磨炼心智的。坚持什么、如何坚持、坚持到什么程度，都可以放在一边，重要的是，每天持续不断地去做，这一点比什么都重要。

每天有觉知地、持续不断地做一件事情，既能随时随地思考，又能发挥时间的复利作用，还可以综合锻炼多项能力，不管这件事情是什么，都可以坚持下去。当然，它必须和本能需求稍微区分开来。比如，饿了就要吃饭，这是本能需求，不需要特意训练。

如果一个人能持续保持特定的精神追求，让自己做有难度的事情，坚持 10 年、20 年，那么他的能力不会太差，甚至可以达到优秀级别。

建立"把事做成"的习惯，磨炼的是心智，做任何事情都能一通百通。做成一件事，就能做成 1000 件事，使用的方法相差无几。一个人能不能把事情做成，要看他过去做的事情成没成，以及用了多长时间，用什么方式做成的。

做一件事，不仅要看时间长度，也要看行动的强度，两者结合，才能对事情有全面的判断。做同样的事情，一个人用 10 年做成，另一个人只用了一年就做成了，他节省了 9 年的时间，还可以做 9 件同等级的事情。

比如，有人在 10 年前赚的钱和 10 年后一样多，但如果能用一段时间提高他的能力和做事的强度，则他的收入可以翻倍。假设这段时间是 5 年，也就是说他可以提前 5 年赚到 10 年才能赚到的钱。

我将这种方式称为压缩时间，使用这种方式可以快速得到两个结论。

一是，如果一件事值得做，就一定值得继续做下去。

假设你在 2022 年想要做一件事，但不太确定能不能坚持到 2030 年。如果你在 2022 年就已经做到了 2030 年想做的事情，那么 2023 年可以类比 2031 年，是否继续做下去，结论很明确。只要缩短做这件事的时间长度，那么在 2030 年之前开始做，都是把事情的启动时间提前。如果一件事情值得做，哪怕压缩了时间，依然值得做。

二是，如果一件事应该放弃，那么不管是否现在就能看到它的终点，应立刻放弃。

有的人的目标很宏大，但不够明确，没有截止时间。这就很容易出现一个问题：做到一半，目标似乎消失了，没有后续。

如果你有一个宏大的目标，很明确，并设定了截止时间，甚至告诉了一部分人。当别人再追问你：目标是什么？什么时候实现？进度如何？结果你避而不谈或转移话题。这时，你就要思考一下这个目标是否需要调整：是不是当初定下的目标根本不是自己真正想要的目标？一定要设定一个你真正想要的目标。

当你在完成目标的过程中，发现自己目前的能力还不足以完成这么宏大的目标时，就要思考如何调整实现目标的计划，修改截止时间，或者找其他实现目标的方法，只要方向是对的即可，直到目标达成，否则就干脆放弃。但是，放弃不能成为常态。

现在，你去看看自己去年定下的目标是否已经实现。

如果定下 100 个目标，100% 实现了，说明目标定得太保守，难度不大，所以都做成了。目标都在能力范围之内，说明你有更大的能力做更有难度的事情，要设定一些有难度的目标用来追求。

如果你制定的 100 个目标中有 25 个没有实现，也就是完成率为 75%，则说明你定下的目标稍微超出了你的能力范围。没有完成的目标是用来磨炼心智和提高能力的，一开始设定目标时是完不成的，但通过努力提升自身的能力，慢慢地就能达成目标。达成目标后，再制定新的目标，始终保持 25% 左右完不成的比例，人才会成长。

让"把事做成"成为习惯，大概 75% 的事情持续做成，25% 的事情需要努力去做、用尽力气才能做成。没有完成的目标并不是不去完成，而是可能会比原计划的时间稍微晚一点完成，并且完成后要复盘，看看哪些能力需要提升，以便下次可以在规定时间内完成。

有长期目标和没有长期目标的人，在一两年内不会产生太大的差别，但一辈子则会形成巨大差别。两个人的水平可能差不多，但有明确目标的人能成长到更高的水平。

通过做成一件一件小事，积累自己对做成大事的信心，相信自己早晚会去做也能做成一些大事。

把所有的力量发挥出来，去追求一个梦想，做一件大事。你非常想做这件事，但不是特别冲动，而是提前进行充分思考，考虑如果这件事没有做成，最差会出现什么情况。如果最差的情况在合理范围内,那么只要做就是对的。

## 2.4.3　把目标摆在眼前

将目标放在那里,不断地把事情做成,慢慢地,"把事做成"便会成为一种习惯。

有时,目标摆放的位置也很重要。我有一个小盒子,里面装了几十张卡片,卡片上写的是要做的事情。卡片很小,但事情很大,有些事甚至需要花 10~20 年的时间来做。

我经常会把卡片从盒子里拿出来看一下:最近一个月做成了什么事? 今年做成了什么事? 明年要做成什么事? 卡片上的事要在什么时候完成,计划要不要调整? 这是为了提醒自己时刻记得目标。你也可以采用其他的方法,让自己随时都可以看到定下的目标。

把目标都写下来,定个完成时间,如 20 年,努力在 20 年内做完。写的时候你也许会觉得 20 年可能做不完,但实际上,你的能力在不断增长,也许 6~7 年就做完了。

成长到一定阶段,会有创造高峰期。这个创造高峰期一般出现在你的能力达到了一定的高度,该做的事情都完成了,并且相对自由的状态下。年轻的时候,可以让自己保持相对自由的状态，在尽可能短的时间内确定自己要做什么，或者用尽可能多的时间做自己想做的事情。

首先，对自己要做什么非常明确。

如果不明确，自由时间对你来说不会有多大的帮助。做成事情，一定要有明确的目标，才会争分夺秒地去做。举个最简单的例子，国庆 7 天假期，很多人都是自由的。如果没有明确的计划，如出门旅行、读 7 本书、写 7 篇文章等，很多人可能会去看看电影和综艺、逛街……过完假期后根本想不起来自己做过什么。

不管是赚钱，还是追求知识、写作、学习，抑或是照顾孩子，目标不明确，就没有那种想把事情做成的状态和动力，自由时间很容易随意挥洒。

我在 2022 年时每天直播，分享是我的要求，听直播是听众的选择，听众可以根据自己的实际情况选择不听、听一部分或全部听。但是听众做这个选择要经过思考，不能纯粹因为有直播，所以听。听或不听，要考虑是否有助于自己的长期发展、是否和自己的目标一致、听了一段时间后是否有收获等。听众可以根据过去听过直播的记录和数据来分析是否值得继续听。如果他过去听直播基本没有收获，那么接下来的直播可以选择不听。

在成长过程中，我们应保持足够的好奇心。很多事情都值得我们学习，在这么多该学习的事情里，哪一些值得大力投入呢？抓住一两件最重要的事情就可以了。比如，对听不听直播做个排序，看看听直播是不是重要的事情之一。

其次，事情越来越多，时间不够用，有一些重要的事情没做成，怎么办？做减法。如果不做一件事，损失是可以接受的，那就不做。

在日常生活中，每件事的时间成本不一样。有些事如果能提前完成，省下的时间就可以用来做你想做的事情。比如，本来 10 年才能做完的事情，拼尽全力冲一把，一年也可以做成。当然，这也需要天时、地利、人和。

大部分人在没有经过训练之前，很难获得长期视角。能坚持把一件事情做 5 ~ 10 年，甚至更久，需要进行训练。即使坚持一件事很久，也很可能纯粹是习惯了，不是因为必须做，而是过去一直这么做，就持续做了很久，并没有想过还有其他更好的生活方式，以及更多的可能性。

比如，有的人一直在一家公司工作，其实他还有很多选择，但就是一直待在这家公司。原因有很多，可能是习惯了，可能这家公司就是最适合他的……但这个选择是经过深思熟虑的，还是根本没想过其他选择？这是两种完全不同的情况。

世界很大，不要停留在原有的视角里生活，去见识更大的世界吧！见识过更大的世界以后，便可以拥有更多的选择。这样，你每次做选择时，便不会觉得没得选，从而不得不做无奈之选，而是知道自己有很多选择，从而积极、主动地选择最喜欢的那一个。

这就好像在不同的平行宇宙中穿梭，你可以选择自己想要的生活。如果你还是不知道自己想要的生活是什么，则可以通过大量语写训练构建各种各样的梦想，畅想未来的生活，甚至可以把实现路径精确化，推演自己未来的人生，写下自己的人生规划。

人生规划写完之后，每过一段时间就要回顾，看看自己是否真的在朝着这个方向努力，如果没有，则要思考未来要如何做。如果发现自己在一开始就没有想清楚，则要再努力思考，加大投入，直到真正想清楚。

## 2.5　培养有规律的作息

### 2.5.1　规律作息，幸福人生

有规律的作息，是指持续、稳定地在特定的时间做某件事情。一个人能形成有规律的作息，首先，说明他比较自律，比较自律的人才能有规律地在特定的时间做特定的事；其次，说明他的生活相对稳定，只有在较为稳定的状态下才可以在特定的时间做特定的事；最后，说明他的人生相对来说比较幸福，有规律的作息需要身体健康、情绪平稳、关系和谐等。

但没有一个人的作息是绝对规律的，只能相对规律。把时间维度拉长到 10 年、20 年，我们会发现自己的作息呈现一定的随机性。比如，起床时间、睡眠时间会在一定的时间范围内波动。

做时间记录分享时，有人问："老师，我的生活每天都很规律，在什么时间做什么事情都是固定的。"这是生活中暂时的假象，一个人不可能特别长时间保持绝对规律，因为人的行为存在随机性，而这种随机性必然会出现。一般来说，在一段时间内保持规律作息，过后又会打破规律，进入随机状态，接着需要再度调整到规律作息状态。

极少数人能做到几十年如一日地做某件事。忽略特殊的波动值后，的确有一些人一辈子只做一件事。比如，《寿司之神》的主角小野二郎生于 1925 年，他从 7 岁开始在家乡的料理店工作，25 岁成为寿司料理人，30 岁开店，86 岁依然在做寿司，年过 90 时也对许多事亲力亲为。

小野二郎对寿司有着非同一般的敬仰之心和近乎苛刻的工作态度。他曾说过："我一直重复同样的事情以求精进，总是向往能够有所进步，我继续向上，努力达到巅峰，但没人知道巅峰在哪。我依然不认为自己已臻于完善，爱自己的工作，一生投身其中。"

如果想成为他的学徒，也是 10 年起步。所有学徒从学习手工拧烫毛巾开始，逐步学习如何处理准备食材。10 年后，才能上手煎蛋。

以 10 年起步的训练，很少有人能真正做到这一点。有规律的作息，如果能以 10 年为维度，做什么都可以做成，这代表着习惯具有稳定性。

## 2.5.2　如何培养有规律的作息

在特定的时间做特定的事情，内在的感受体验是很好的。如果你能在固定时间做一件事，可以仔细地观察一下自己内在的感受。如果你还没有形成这样的习惯，则可以刻意去培养一下。不管是在固定时间起床，还是在固定时间开始阅读、写作，都可以。

让自己在特定的时间做特定的事情，形成习惯之后，可以坚持很久。我在过去 10 年培养了一些习惯，如每天做时间记录、每天记账。到现在，如果不盘点一下今天做了什么事、花了多少时间、赚了多少钱、花了多少钱，便会感觉不习惯。

有一些习惯，只和自己有关，比较容易建立并坚持；有一些习惯，会受到很多因素的影响，可能会产生波动。比如，早睡早起，睡觉时间常常会遇到突变因素，一开始一个人比较好安排时间。成家后变成 2 个人、3 个人，作息就要重新调整；偶尔家里来了客人，入睡时间也可能需要调整。因此，坚持在固定时间睡觉是比较难的。起床时间的决定因素主要在于自己，十年如一日地在固定时间起床，相对容易一些。因此，可以把早起作为一种习惯，用来修炼自己。

修炼自身的时候，具体用什么方式来修炼，可以选择和调整，但选择一件事后要持续地训练。在特定的时间做特定的事情这一行为模式，如语写、时间记录、记账、早起、复盘、写日记、冥想等，能帮助我们修炼心智，**关键不是要做的事是什么，而是长期、持续的行动所带来的心智提升。**

当在固定时间做某件事成为一种习惯后，你的生物钟也会改变。到了固定时间，你会很自然地开始做这件事，无须过多地动用意志力或其他内在能量，行动效率也会提升。保持这一行为习惯，还可以在现有的基础上做加法，培养新的行为习惯。

就像做时间记录，十多年来，我每天花 10 多分钟来做这件事。这些时间花得值吗？会不会后悔花这么多时间呢？以前专门计算过，一天花 10 分钟，一年下来也就是 3650 分钟，约等于 61 小时。每年用不到 1% 的时间，让自己知道在什么时候做什么事情，并知道自己的时间使用情况，甚至在几十年后还能清晰地回顾，还能调整自己的时间结构，这很值得。

举个简单的例子，有时听到一本书的名字，我不知道自己到底有没有看过，只要打开时间统计 App，搜索一下书名，就能确定自己看过。很多时候，记忆并不准确，时间统计 App 可以全面、客观地记录下自己做过的事情，随时可以调取查阅。

我对阅读习惯进行了强化训练。不管这一天有什么事情，发生了什么，都会想办法保证阅读时间不被侵占。

不过，这样的训练也是在生活相对稳定的情况下才能进行的。如果你的生活不是很稳定，有很多事情要做，就很难培养某一个特定的习惯。在稳定的生活中培养好一个特定的习惯，当生活发生变化时，如遇到突发事件、出门旅行等，这个特定的习惯也可以持续。

### 2.5.3　长期去做，是磨炼心智的方法

这种磨炼心智的方法是，去做一件事，这件事看起来不会影响你的行为习惯，确定要做之后，长期去做，并且把它变成一辈子要做的事情。关键不在于这件事是什么，而在于长期去做。

有这么一个故事：苏格拉底要学生每天甩手 100 下。学生

们不以为意，觉得这么简单的事情怎么可能做不到。第一天，绝大多数学生都完成了，有些还远远超出老师要求的数量。一个星期后，苏格拉底问学生："有没有每天甩手 100 下？"只有少部分学生坚持了下来。一年后，苏格拉底再问："还有谁坚持每天甩手？"只有一个人举手，他就是柏拉图。

苏格拉底的要求非常简单，但这样简单的行为在没有人强制要求的时候还能坚持下来就非常不简单。这样的人，成事的概率要高很多。

成年人有自己的一套认知方式，让他们真正把话听进去是非常难的事情。很多时候，我们对自己的承诺也不一定能做到。经常做的事情，也不一定会成为长期做的事情。坚持一件事，不在于这件事能让人变得多好，而在于用这种行为磨炼自己，使自己不断成长。

有的人喜欢在圈子里和一群人一起成长，但能在一个圈子里坚持 3 年、5 年，甚至 10 年以上的人还是比较少的。有的人离开，不是他不成长了，而是换了一种方式成长。就像我们和某些朋友多年不联系，再见面时发现他进步得很快、取得的成果很大。

　　阅读、写作，相辅相成，都是磨炼心智的方式，也是一个人成长的基本路径。只要读人物传记，就能发现，不管一个人的天赋多优秀、能力多强，都要持续进行阅读、写作。阅读是输入新的知识、探索未知的领域，写作则是对思想的整理和再思考。

　　有人说，要做好准备才会喜欢上阅读，其实不是这样的。打算做一件事和喜不喜欢做这件事是两回事。以上班为例，你有没有只是单纯因为不想上班，就请假休息？在职场上做得还不错的人，一般不会无缘无故地请假。即使他对工作没有表现出非常喜欢或不喜欢的态度，也不会因为心情不好就请假不上班。

　　但是，为什么有的人会因为不喜欢或心情不好就不读书、不写作，不完成这些基本功呢？这说明阅读、写作还没有变成他的专业技能。专业人士做事在于稳定，稳定是高手的特征。我们就是以此为基础来衡量自己的学习和成长的。

　　心脏一直在跳动，生命体征一直持续，不要过多在意心情如何。情绪可以控制，心智可以锻炼，它们都可以帮助我们做成事情，要发挥它们的价值。

　　专业人士能够控制自己的情绪，让自己不断处于积极状态。如果能做到这点，那么即使还在成长过程中，他也是专业人士。

有规律的作息，代表自律，代表健康，代表幸福，代表不断修炼自己灵魂的品质和方式。

## 2.5.4  主动选择你的收获

2022 年大部分时候，每天直播 3 场。这个规律的习惯让我收获了很多，对自身修炼有很大的作用。我建议，如果有条件，可以尝试一下每天直播 3 场，每场持续 30 分钟，难度不大。可能有人觉得难度很大，但是只要真正去做，难度就不大。

直播持续做下来，也影响了一些人。我最开始是在早上做直播的，一场只有 5 个人听。我努力让 5 个人变成 10 个人，到后来变成一个小班级。一直在早上来听直播的人，慢慢形成了早起的习惯。

做直播，是我对自己的要求。听直播，是听众对自己的要求。你做到了每天早上 6 点半来听我的直播，是你做成了这件事，获得了属于你自己的能力。这和我没有关系。你在直播间听我直播，所学到的内容也是你自己的收获。

我的进步，首先是规律性：每天 3 个时间段准时出现在直播间，分享自己的想法。其次是分享过程中自身想法的改变和进步。

听众听直播，有了想法、观点、改变，都是属于听众自己的。这是听众选择之后的收获。你也可以选择不来听我的直播，选择在别的地方学习和进步。听众选择"剑飞直播间"，并且坚持在固定时间出现在这里，听了之后有了思考，进行了复盘，有了行动，做了改变。

我的直播只在固定时间出现在你眼前。无论你来或不来，听或不听，我一定会在直播间分享自己的感触、心得。听了直播，有了行动，这就是你在积极、主动地追求成长。

阅读和写作，你去做，是因为你选择了去做。过去和未来，你都有机会选择去做。如果哪一天，你选择不做，避而不谈，充耳不闻，睁眼不看，这也很正常。在某个特定的阶段，可能就是不想听任何直播、不想看任何书、不想写任何字、不想做任何事。但是作为专业人士，要尽可能地将这个特定的阶段所持续的时间缩到最短，最好这辈子只有不到 1% 的时间处于这种状态。如果你有 99% 的时间处于这种不想成长、进步的状态，也不做任何事情，那么你将很难获得长远的发展。

大学时，我看过一本书，记得其中的一个故事：有一个人经常给别人发早安问候。那时互联网还不太发达，他主要做的是用手机发短信、在 BBS 上发帖子，这件事他坚持了 3 年。后来他创建了一个论坛，分享自己给他人发早安问候而获得的成长和收获，并且总结出一套体系：坚持做一件事，类似"感恩日记"，把问候发给他人，能够给他人带来能量。

当时让我感觉比较震撼的是，真的有人能够 3 年如一日地坚持做一件事。那时我还没有形成稳定的习惯，还不能把一件事持续做很多年。看了那本书之后，我开始每天写点东西，当时用的手机还需要一个字一个字地按键输入，比较辛苦。我还每天给自己发一封邮件，用于记录自己想了什么、做了什么。智能手机出现后，方便很多，写作也成为一种习惯。现在，我也能把一件事持续做很长时间，有些事甚至持续做了 10 年以上。

一个人是如何成长起来的呢？

我们做到一件事，到底是因为身体机能成熟了，还是因为心智发展成熟了？

自律地做一件事，是身体和心智成熟到可以自律地做一件事，还是只要想自律地做一件事就可以做到？

为什么不是从 15 岁开始一直做一件事，做到 25 岁，做了 10 年？

为什么有些人从 30 岁左右开始选择长期做一件事呢？

如果到了 50 岁决定要自律地做一件事，还能做到吗？

面对这些问题，每个人都有自己的答案和节奏。对一个人来说，从 20 多岁开始做一件事并不晚。很多人在 20 多岁时也没有持续不断地去做一件事，偶尔想努力朝一个方向去做，但感觉难度很大，大到自己也不知道能坚持多久。但他在 30 多岁时回头看，会明白，如果一件事可以坚持 5~10 年，收获和体验是不一样的。

即使到年龄比较大的时候才知道这个道理，已经不能回到过去重来一遍，但也可以把道理写下来，告诉后来的人。很多知识和经验都是一代又一代，用几十年时间总结、流传下来的。

我很期待到 50 多岁的时候，把自己做了 30 年的事情和读者分享。现在想把一件事做 70 年，难度比较大，因为开始的时间比较晚。比如，一件事从 30 岁开始做，做 70 年，起码要活到 100 岁，而且身体还要保持健康。

能一直做到老的事情，阅读可以算一件。康德近 80 岁去世，阅读到了 78 岁，写作到了 76 岁。很多人说，等到退休后就开始阅读、写作，其实完全不需要等到那个时候，如果你的生活有保障，处于比较自由的状态，现在就可以开始。每天拿出 2 小时，做自己想做的事情，最好能培养出规律的作息。

## 2.6　长期带来的跨阶段发展

### 2.6.1　长期是多久

一个人的跨阶段发展，一定是通过坚持不懈的努力，采用正确的方式，把力所能及的事情做到极致获得的。

我一直相信，通过保持培养最基本的习惯，每个人都可以让自己的能力增长好几倍，因为我自己就是这么成长的。有一句话是这么说的：40 岁前，人培养习惯；40 岁之后，人由习惯塑造。把自己的习惯培养好，你一定可以实现跨阶段发展。

有时，你会亲眼见证身边的人实现跨阶段发展。原来他不具备某项能力，后来突然变得很厉害。在这个过程中，你一直在他身边，看得见，感受得到。这也是一种跨阶段发展，一个不断提高自身能力的过程。

**想实现跨阶段发展，需要精准把握一个关键词：长期。**

在你的认知中，长期是多久？以前，我理解的长期大约是5~10 年。现在，我觉得 30~50 年才算长期。

在一次采访中，有人问段永平：50 年以后，新闻报道你所创立的公司，你希望听到什么消息？他回答：任何消息。50 年以后企业还在就是胜利。

认真思考你的长期到底是多久的长期？是怎样的长期？如果你一直在一个领域，你成长、进步的空间会非常大。最怕的是做一件事，做着做着突然就不做了，这样的话，有再好的基础也没有用。

比如，你定了一个语写目标：一年写 1000 万字，如果写着写着突然就不写了，那么你自然没法达成这个目标。

很多时候，要完成一个目标，既不需要你的能力变得多强，也不需要你学习新技能，只使用原来的能力即可。之所以没有达成目标，很大程度上是因为你没有把它放在重要的位置上。

## 2.6.2　持续的力量

有些事，5 年前开始做和现在做，收获的成果是不一样的。同理，你现在开始做和 5 年后开始做，收获的成果也是不一样的。所以你应该从现在开始做、持续做。

阅读书籍，5 年前读和现在读是不一样的。5 年前读了，运用书中的方法和理论，采取实际行动，时间会以它自带的复利属性，赋予你力量。5 年后的今天，你会有很大的收获。

阅读一本书，对一件事理解或不理解，两者之间一定有差距。甚至有时已经理解了这件事，也知道如何选择，但做和不做也会产生巨大的差距。

当然，最好的选择是既做对了选择，又十分努力，这样的收获就是双倍的：能力增长是一定的，最主要的是你创造财富的能力会在时间的加持下不断增强。

一般来说，一个人创造财富的能力：20~30 岁是积累期、30~40 岁是收获期、40~50 岁是巅峰期，还有很多人要到 50 岁之后才凸显出这种能力。

很多时候，需要持续持有创造财富的能力足够长的时间才能够获得增量。如果不能持续持有创造财富的能力，就很难获得社会财富价值，也无法获得时间价值。

我目前做的事情已经持续了很多年。有些客户，在认识 7 年后才成为我的客户。因为我一直在一个领域深耕，并且他每年会听到我在这个领域的一些进展，所以他能够感知到我的专业度，在这个过程中他也在不断吸收、成长。

年龄的增长并不会让一个人的心智得到发展，只有让自己拥有成长性思维，在成长过程中不断创造和吸收，才有可能得到时间的馈赠。如果事情只做一半，那么时间无法给你馈赠。如果事情做了 10 年、20 年，很可能会有一代人随之成长起来。

### 2.6.3　创业，如何实现跨阶段发展

也许你想创业，或者正在创业。想赚钱，小赚对你提升能力的要求并不是很高，找到合适的机会就可以；而想赚很多则需要你进行跨阶段发展，以增强自己的能力。

如果只是想保持原来的收入水平，那么最重要的就是保持原本的生活节奏、工作节奏。身在职场，基本上都会有人给你安排工作，你只需要做好你的本职工作。创业之后，没有人为你安排工作，需要你发挥主动性为自己安排工作。

如果你想实现跨阶段发展，获得更高的收入，那么对自己的要求要高。高到什么程度？以前上班时每天工作 6~8 小时，创业时则需要每天工作约 12 小时，相当于要用两个月的时间干四个月的活。尤其是在创业初期，有很多事情要做，做得越多，越容易跨过初级阶段，收入自然会增长。

人的能力不会突然增长，一开始要算时间账。如果原来上班时每天工作 8 小时，创业时每天工作 2 小时，相当于职场工作时间的 1/4，也就是说，创业 4 年的工作时间才等同于职场 1 年的工作时间。

人的能力如何增长呢？实现跨阶段发展，能力自然会增长。上班时每天工作 8 小时，创业后每天工作 16 小时，1 年当 2 年用，4 年当 8 年用。时间投入翻番，收入翻番很正常，能力也会随之增长。

积极、主动，能为创业的人带来巨大的增量价值。

创业时，若没有人给你安排任务，那么你要主动寻找任务，把要做的事情一件件列出来，马上去做。

创业时，碰到困难，再也不会像以前一样有领导、团队、资源方一起解决，要自己去面对和克服。

创业时，没有时间要求，原来领导布置任务时会做要求、定时间，但创业时要自己定目标、定任务、定截止时间。

创业时，每月没有固定的薪水，要自己创造稳定的收入。只有收入稳定，才能把项目做好，一旦收入不稳定，便容易焦虑，工作中就容易出错。

创业初期是生存阶段，所有和赚钱相关的事都是重要的事。如果你已经度过了生存阶段，就要考虑更长期的事情，思考如何组建团队、如何协作、如何优化服务、如何快速迭代……

### 2.6.4　跨阶段发展，来自微小的进步

最开始创业时，除了睡觉、吃饭等生存必需花费的时间，我把所有时间都投入工作中。哪怕是微不足道的小事，也会尽全力做好。不用担心一直做小事，或者陷入琐碎中，只要全心投入做事，一定会找到其中的规律，知道哪些重要、哪些不重要，在时间不够用的时候找到解决方案、提高效率。

2018 年 5 月，我刚开始提供语写服务，工作量不是很大，一天能看 20 万~30 万字。

后来工作量逐渐增加，发现自己忙不过来了，因为腰部承受不住，于是找解决方案：换椅子。我先后换了两次椅子，从

最开始只能坐 1~2 小时，到后来可以坐久一点。当然，也会尽量在感到疲惫之前主动休息。换一把更好的椅子，也是一种提高效率的方式。

当时，长时间看电脑屏幕会使眼睛感到很干涩，我因此尝试了各种不同的眼药水。后来逐渐改善方法，眼睛便不会再出现这样的情况。

刚开始创业的那段时间，我一直在看学员的语写作业，短期看没什么进步，长期看，从不知道抓重点到能够快速抓住重点；从换着法地催作业到一个学员来之后就能判定他是否可以坚持写作业……

在最开始的一段时间很辛苦，却为后来的语写服务打下了坚实的基础。

人的天性，都想追求舒服的状态。这一点很难改变，但想要成长、发展，必定会经历不舒服。生活太舒服的人，只要碰到困难就会退回自己的舒适圈。无论是孩子还是成年人，如果环境没有发生变化，几乎不会出现突然成长。这里的环境变化，是指从一种环境进入另一种环境，或者环境发生变化，出现新的困难和挑战。

因此，现在招学员时会先问："你到底是不是真的想要改变？"如果他只是听别人说好就觉得好，并不是因为真正需要，改变是不会发生的。因为他没有主动思考，没有下定决心做事，很难实现跨阶段发展。

**实现跨阶段发展，更多来自微小的调整**。比如，家里的环境一直没有变化，可以微调一下，布置一个专门阅读的地方，或者把客厅改造为书房，让家庭成员能够很自然地进入新的状态。

以语写服务为例，相比最开始，现在无论是学员的体验，还是后台的服务，都已经实现了跨阶段发展。这些发展都来自"每天改进一点点"。

我依然在持续提高看作业的效率。语写学员越来越多，以前要一个个点到才知道谁写了作业，现在加入了最后更新时间，学员是否写了作业一目了然。

我还优化了一些设置，可以关注到学员能力的提升。比如，他已经写得很好了，但突然遇到困难：无法把"好"变得更好，或者可以变得更好但并没有实现，这些都可以通过数据发现。

语写、时间记录这一系列 App 经常会发布、更新数据，手机端、网页端都在升级，各项功能一直在迭代，目前使用起来都比较方便。两者的应用场景会逐渐进行区分，手机端主要用于快速记录，而网页端主要用于对记录内容进行修改和完善。

## 2.6.5　直面问题，直接去做

如果人们处在生存阶段，那么只能考虑今天做的事情能不能带来下个月的收入。

刚开始找工作时，人们只看哪家公司发了录用通知，在相对有限的范围内进行对比选择，重点是让自己快速找到工作，活下来。

当工作一段时间，生存有了基本的保障，有了一定储蓄之后，人们才会考虑真正的"长期"，开始思考这辈子还有这么长时间，要做点什么事让自己进入更高的阶段。

观察你身边的人，一定能发现有的人很多年没有变化，10年前是什么样子，10年后还是什么样子。还有一些人，过几年就变得很厉害，再过几年变得更厉害，他们一定掌握了某种方法和技巧，让自己实现了跨阶段发展。

人们面对困难和问题时的反应，有时和面对死亡时的反应很像。

面对死亡时，人的反应分几个阶段：一开始不知道是什么情况，如坠入云雾中；接下来发现这件事确实发生在自己身上；

再来就是无法接受，不断想"为什么会发生在我身上"；然后讨价还价，想看看"是不是还能挽救一下"，找各种可能的方法进行尝试；最后无奈接受。

面对新的困难和问题，一开始你可能会茫然无绪，然后想："怎么就出了这样的事情？""为什么就是我遇上了呢？"接下来你会去找补救方法，确定无法补救之后，可能会生气甚至愤怒，也可能直接接受这个结果，然后去找方法解决，如果发现仍无法解决，便改弦更张。

放到长期的视角下，以积极的心态来看，大部分困难和问题在发生之前就已经有了解决方案。即便对于死亡这个人生的终极课题，人们也会提前做一些准备。除非遇到意外或暴力事件，来不及做任何准备。人们到中年一般都会开始思考死亡课题，进入老年阶段则会直接开始为死亡做准备，该嘱咐的要嘱咐好，该备好的东西备好。

在日常生活中，我们想做一些事，有时就像中年人面对死亡的状态，一直在思考。如果事到临头，就像老年人需要直面死亡的状态，一定会开始着手行动，至少为此做一些准备。直接开始做事，才是真正的行动。

每一件事都有自己的生命周期。今天做了，就把它做完。

比如，有一笔钱，你今天没有赚到，那么这辈子都不会赚到了，因为下次再赚到的是另一笔钱。花钱也是如此。手上有一笔钱，总要花在一个地方。不管用在哪，买了什么，花掉之后，这笔钱就去了别处。如果没有成交，这笔钱就还在你的手上，等于这笔钱的作用暂时终结。

延伸一下，如果你提供产品和服务，那么一定有人正在寻找你的产品和服务，并且找了很久。他准备好钱，就等着你的产品和服务来解决他的问题。只要你告诉他有解决方案，他就会来找你，把钱给你。但如果你没有准备好解决方案、没有告诉他，那么他的这笔钱就会花到别的地方。因此，在合适的时候碰到合适的人十分重要。

"时间密码锁"说，总有一笔钱在你努力的过程中产生，未来一定会给你。但这是一笔还在成长中的钱，需要存到某一天才能给你。如果在那一天，你没有去拿，那么这笔钱可能会给别人，或者花在其他地方。

这就像突然有一天的自由时间，你可能陪家人出门玩一天，可能看一天书，可能只是无聊地刷短视频……如果找到值得做的事情，你一定会去做，让这段时间变得更有价值。如果没找到，无聊地打发了这段时间，那么这段时间就浪费了。

所以，拼尽全力去生活吧！只要不伤害身体，就不会让生命燃烧殆尽，而会让生命更有活力，这是非常理想的生活状态。读书、写作、运动，都是可以让生命更有活力的方式。

累了，就适当休息，长期的疲惫会对生命产生不可逆的影响：一是情绪状态偏向消极，碰到困难就想退缩；二是身体不好，很难做成大事。所以一定要休息好，在感觉疲劳时及时休息。

一个人如果能在 20~30 岁想清楚这辈子要做什么，那么他在未来的几十年可以做到很多事情。如果没有想清楚，则很容易浪费时间和生命。这也是为什么说目标非常重要。

做产品时明确要将产品做成什么样子，等同于有了一个目标，不用花很多的时间来想清楚自己接下来要怎么做。如果没有明确的思路，则可能要花很长时间才能想清楚自己接下来要怎么做。

生活中，如果你的目标明确，并且努力去做，那么很多事情都能直接做成。如果你没有目标，东一锤子西一榔头，则会浪费许多时间。如果你定下一个不清晰的长期目标，则可能浪费十几年的时间甚至更久。

希望你能早一点定下明确的长期目标，并用尽全力去实现它。

# 第 3 章　思想展翼——
# 锻造学习思维，打开无限世界

# 3.1  终身阅读，增长智慧

## 3.1.1  该读书的时候，多读

人生的每个阶段都有一些该做的事情。在人生的某个阶段，如果一件事情适合做，那么不管什么时候做都适合；如果它不适合做，那么不管什么时候做都不会太合适。在合适的人生阶段做合适的事，才是真的合适。

阅读也是如此。有的阶段不用花太多时间读书，而要做该做的事情。但该读书的时候要多读点书。读到什么程度呢？只要读不死，就往死里读。事实上，对于我们大脑的承载量而言，我们是"读不死"的，只是会读到消化不了。不用担心读成"书呆子"，大部分情况下，我们不读书的时间比读书的时间长。

假设你决定花一天时间来拼尽全力读书，读了一定时间之后，就会觉得很累、很疲劳。这时你要觉察自己的状态，只要分心了，就停下来休息一下，不要继续读。如果可以，把读书时间、休息时间都记下来，看一看自己到底花了多长时间读书。记录下相应的时间，就知道自己并不是一整天都在读书。通过客观记录，我们就可以清晰地看到自己读了哪些书，读了多长时间。

读书和写作一样，是可以做一辈子的事情，一旦把自己的思想写出来，就具备改造思想的可能性；一旦把读过的书都列出来，就具备重塑人生的可能性。正所谓种什么因结什么果，输入什么就会输出什么。

如果不懂某个领域，那么可以多花点时间来阅读有关这个领域的书籍。只要时间足够长，你也可以成为这个领域的专家。换句话说，只要书读得足够多，你就可以成为更厉害的人。

阅读的效果有滞后性。和种树一样，一粒种子种下，需要 10 年，甚至 20 年，才能长成一棵树。阅读不是今天读完一本书，明天就能改变行为，后天就能收获成果；而是今天开始行动，坚持做下去，随着时间的推移，逐渐改变行为、形成习惯，在未来取得巨大的突破性成果。

阅读之后，应当是实践。知道和做到的距离很远，知道之后不去做，这个所谓的"知道"便仅仅是片面的知道，而不是全面的知道。全面知道，确定计划，立刻去做，行为改变将是巨大的。

长期来说，我们要创造属于自己的长期价值，减少创造可能价值的时间，把时间用来创造实实在在的结果。你的优秀会影响其他人，使他们也变得更优秀，你所创造的总价值能为其他人做出更好的榜样。

进步从来不是在一瞬间完成的，绝对不能依靠运气去进步，而要依靠绝对的实力。绝对的实力来自日复一日地坚持做一件非常普通的事情。

行动的实践秘诀在于体力活做得多，路程跑得远，书看得多，字写得多。尽可能把做过的事、跑过的路、看过的书、写过的字变成生活的一部分，那么你现在的积累在 20 年后还能发挥作用，年老之后还能享受年轻奋斗积累的知识财富。

以前有一个想法：一个人无论走到哪里都能携带一个图书馆，里面有他这辈子读过的书、见过的人、经历过的事。我现在所建立的一整套体系，包括语写、时间记录、人生规划、阅读、记账，都是在记录人生的某个维度。

每一个人对某个人生维度的记录都可以持续下去，具体持续多久取决于个人：可以终生都做，也可以某个阶段不做；可以自己做自己的，也可以找一个教练。就像健身，有些人没有动力健身，需要教练的指导和陪伴。建立这个体系，并不需要花很长时间，只需要把一些玩的时间用来做你想做的事情，就可以收获很多。

## 3.1.2　让书流动起来

买书，就像去商场选衣服，第一眼看都很喜欢。买回家后，有一些衣服穿起来很舒服，于是反反复复地穿；有一些衣服可能只穿为数不多的几次。读书，也像见朋友，我们可以在书中遇见不同的人。有的朋友，我们想多见面、多聊聊，于是经常联系，翻开书来交流；有的朋友，只有一面之缘，看完就束之高阁。

选择读什么样的书，选择和什么样的人交朋友，选择什么样的生活方式，本质上是一样的。大家都可以选择自己喜欢读的书、喜欢见的人、喜欢的生活方式。如果实在不知道选什么，就都试一下，不喜欢就换另一种。但只要定下目标，就要用持续的力量一步一步地完成。

有的小伙伴说，家里的书总是读不完，买的书比读的书多，没读的书比读完的书多。原因不是买得多，而是一本书读完之后，还想再读。有些书可能需要重读很多次，有些书可能会每过段时间就想再读一次，还有些书可能只读一次便不想再读了，经常读的书慢慢地被筛选出来。

阿西莫夫在《人生舞台》一书中说，他的书都是流动的，有些书看完后就会被放到其他地方。因为书经常流动，所以他实际阅读的书比放在家里的书多很多。让书流动起来，就知道家里还有多少书没读过。

假设家中有 300 本书，一年读 100 多本书，坚持 3 年，基本就能读完。只要可以忍住不再买书，就一定有看完的一天。如果你一直买书，看一本买两本，就会发现家里的书一直看不完。

有的书可能很久之前读过，放了好几年，已经不记得当初阅读的感觉了。重读，就好像遇见好久不见的老朋友，你会找回当初遇见这本书时的感觉，想起它的性格、使用场景、使用方法等。

阅读是非常自然、享受的事情。每阅读一本好书，就进行一次灵魂的交流。阅读传记，知道的不仅是主角的名字，还有他过去生活中所发生的事情、碰到的困难和挫折，以及他的人生给你带来的巨大启发。

### 3.1.3　列一份 1000 本书的书单

一起来做一个思想实验：想象一下，如果把家里的书都换掉，重新买 1000 本书，你会买什么书呢？把你想买的书，列一份 1000 本书的书单出来。

这份 1000 本书的书单由不同的人来列，会有不同的结果；由同一个人在不同年龄段来列，也会千差万别。仅思考这一生要读什么书，列出一份 1000 本书的书单，就要花掉好几天的时间。

书架上的书只是人类所知知识的一部分，在已知知识里面就可以看到很大的世界。比如，读经典，孔孟老庄、诸子百家，流传到现在足够一个人读一辈子。还有历史、文学、哲学、天文地理、物理化学、生物工程、计算机、土木建筑等各个学科，只选择自己最熟悉、最擅长的部分就已经足够了。

继续我们的思维实验：1000 本书的书单列出来了，推翻，重新列。

为什么要这么做呢？第一份 1000 本书单是现有资源，是基于目前已知的知识、目前已涉及的领域，或者目前感兴趣的事情所列出来的。

　　如果重新列书单，会让人再次思考，并主动进行筛选，聚焦于想深耕的领域。列完这份 1000 本书的书单之后，未来 10~20 年看什么书、往哪个领域深耕，基本上就能确定下来了。如果你想朝着这个方向努力，大概率会在这个方面做出一点成果来。

　　想要列一份 1000 本书的书单，要花不少时间去找书。你在找书过程中会思考自己到底对什么感兴趣，只有真正感兴趣的书籍才会列入书单。如果把这件事情做到了，基本上可以盘点未来 10~20 年要读的书、要做的事，从而看到 10~20 年的可能性。

　　将这份 1000 本书的书单列两三次，每次都会有不同的结果。最后可以把几次列出的书单合在一起，去掉重复的部分，看一下总量是多少。

　　比如，你第一次写了 1000 本书的书名，第二次再写 1000 本书的书名，两次写的 1000 本书的书名完全不一样，没有一本书的书名相同，则说明你实际上写了 2000 本书的书名。今后阅读，可以在两个不同系列中切换。

书单合在一起，会有几种不同的结果。

第一种是，每次都不一样，没有一本重合，写了 2 份书单就有 2000 本书，等于要探索 2000 本书。

第二种是，写 2 次，两份 1000 本书的书单中有 500 本是相同的；写 3 次，第三份 1000 本书的书单和前面两份 1000 本书的书单重合的 500 本书中又有重合的部分，或者和另外 1000 本有重合的……

就这样多列几次，找出重合的书，一直写一直查重。直到写来写去都是这 1000 本书，说明已经找到了自己最想看的 1000 本书。这样，你就在知识的海洋里找到了自己的世界。这个世界虽然很小，却是你愿意用一生去探索和追寻的。1000 本书虽然不算多，但值得你反复看，你一定可以从中获得足够多的知识。

## 3.1.4　美好人生，值得阅读

剑飞阅读服务中有一句标语：美好人生，值得阅读。阅读，不只是增加知识，更是为了让生活变得更加美好。读一本书，就像遇到一个人，有些细节可能会随着时间的推移被遗忘，但是与这个人的美好共鸣会一直记在心中。

有的书值得反复阅读，每一次阅读都有新的收获。《奇特的一生》《卓有成效的管理者》《成为作家》《写出我心》《幸福之路》《思考致富》《人生的智慧》《叔本华美学随笔》《如何阅读一本书》……这些都是我会重读的书籍。

《如何阅读一本书》最早出版于 1940 年，后来进行了增补、改写，1970 年重新出版。这本书主要是告诉我们如何阅读。它的中文译者郝明义是中国台湾著名的出版家。一次偶然的机会，他读到了英文版的《如何阅读一本书》，深受震撼，于是把该书翻译成中文并出版。这本书也让他重新思考阅读的意义，总结阅读心得，并写下另一本关于如何阅读的经典书籍——《越读者》。记得自己是在公交车上用电子阅读器读完的《越读者》，记下的笔记有一万多字。

在《幸福之路》中，罗素把提升幸福感的方法分享出来，实用性非常强。因为阅读了这本书，我开始培养自己的兴趣爱好，基本上确定了自己老年时应该做些什么，并且从现在就开始做准备。年轻的时候就开始为老年做准备，那么老年时一定不会太无聊。

有些书，很久之前读过，现在依然记忆犹新。偶尔想起来，仿佛还能感受到当时阅读时感受到的快乐和共鸣。

我很喜欢看传记，也推荐大家多看传记。以前看传记，比较关注一个人什么时候开始觉醒，是否做了他这辈子应该做的事情，并且取得了不错的成果。有了孩子之后，我换了一个视角，开始关注一个人在哪里出生、在哪里长大、父母及其他长辈给他带来了怎样的影响，由此观察家庭教育对一个孩子的长远影响。

康德，1724 年生于德国哥尼斯堡。他的父亲是一位马具师，母亲是另一位马具师的女儿，并且其受教育程度高于当时一般的女性，对康德的影响非常大。康德幼年时的家庭条件还不错，但他 13 岁时母亲去世、22 岁时父亲去世。父亲去世后，他开始担负起家庭责任，花了 2 年时间处理父亲的遗产，24 岁左右离开哥尼斯堡，成为教师。

熊彼特出生于奥匈帝国一个比较殷实的家庭，他的曾祖父创办了当地第一家纺织厂，祖父和父亲先后继承了这家纺织厂，并且经营有方、生意兴隆。他的母亲则出生于医生世家，所以他小时候的生活相对优渥。

4 岁时，父亲因为意外去世，熊彼特从此与母亲相依为命。母亲非常关注对熊彼特的教育，尽可能为他创造好的环境。母亲再婚后，一家人搬到维也纳，住在当时的国会附近，熊彼特也进入了当时最好的学校。

早年，熊彼特各方面的发展都比较顺利，31 岁已经成为世界经济学界排名前列的人物，36 岁担任奥地利财政部长，37 岁担任银行行长。但从 41 岁开始，他接连遭受打击。当时战后经济形势恶化，维也纳股市崩盘，他欠下巨额债务。在他 43 岁时母亲去世，妻子产后出血过世，孩子夭折，熊彼特痛入心骨。

卓别林，1889 年生于英国伦敦，父母都是职业歌手。在他出生后不久，父母离婚，他和哥哥同母亲一起生活。他小时候家里很穷，后来母亲因为喉炎离开舞台，家里失去生活来源。在他 7 岁时，母亲因为精神失常被送入精神病院，他和哥哥被送往孤儿院。后来母亲病情好转，他和哥哥被接了回来，但母亲病情反复时，两兄弟只能睡在街头，吃捡来的食物。

卓别林最早登台是在 5 岁，为了代替生病的母亲进行表演。9 岁时，父亲推荐他加入剧团，参加演出工作。父亲因为酗酒过世后，他做过书店伙计、玻璃厂零工、印刷厂学徒。卓别林早年的生活是非常困难的，后来他参加巡演，到美国、加拿大表演，担任重要角色，演出很受欢迎，生活才慢慢变好。

有时看传记，会感觉人生有诸多苦难，当你克服这些困难之后，就能收获幸福的人生。也有一些传记会让你感觉他们一路"开挂"。比如，毕加索、安迪·沃霍尔的传记，让人感觉他们为自己喜欢的事业投入了极大的热情，还能通过做自己喜欢的事情获取财富。

积极、主动地在生活中创造更多的精彩，这个世界呈现出的机会将超出你的想象。多看人物传记，感受不同人的生活。

### 3.1.5　把自己投入书海

一个常年不读书的人，很难获得一些真知。通过上课，听他人分享经验，也可以有所收获，但是系统化的知识多是从书上得来的。换句话说，每个人都离不开书。

尽管也可以通过拜师学习经验，获得技能类知识，但是原理性知识还是要通过读书获得。比如，修空调，跟着师傅学也能学会如何修，因为师傅的经验丰富，技术也不错。但关于空调运行的基本原理，还是得看书学习。再如，修汽车，修车技术可以跟着师傅学，开个维修店也能过得不错。但是，想知道这些技术背后的原理，为什么这里要这么修，什么是动能，什么是摩擦，什么是阻力……都要从书本中学习。

有些知识，看起来没什么用，或者比较晦涩，但能对生活产生实实在在的影响。

　　比如，数学在生活中的应用就非常多。只掌握皮毛，在日常生活中也够用。但掌握更多的概念和知识，可以解决很多问题，甚至解决那些看起来几乎不可能解决的问题。

　　书读过之后，要用起来。同样起点的两个人读同样的书，一个人有行动，一个人没有行动，便会逐渐产生巨大的差距。比如，你和同事的工资差不多，都读了一本理财书，他把书中的知识用了起来，拿钱投资理财，获得增值。而你读过就读过了，没把书里的知识用起来，钱就放在那，就不会产生增值。**把书里的知识用起来，转化为行动，才能创造更多价值。**

　　读书分好几个阶段。

　　第一阶段：不知道读什么书，先去读就对了。

　　第二阶段：大概知道自己可能会读什么书。

　　第三阶段：可能会反复阅读一些书。

　　第四阶段：读过的书活灵活现地出现在你的生命中，变成了一种生命状态。

　　建议大家列一份 1000 本书的书单，不要求这份书单一定要在什么时间段内完成。有的人可能要一年；有的人可能用一个月；有的人想用 5 个月，一个月做一次，连续做 5 次……这些都可以。列书单不是最终的目的，目的是找出你这辈子想追求的是什么、最想读的书是什么。

在反复列书单的过程中，你最重要的东西会展现出来。这和写"人生规划"是一样的原理，重复本身就是一种力量。懂得利用重复力量的人，将取得巨大的成就。**很多道理和行动，重复到一定程度，事情必成。**

举个最常见的例子，和一个人打招呼，刚开始他可能对你完全没印象，但你每天和他打招呼，只要持续的时间足够久，就能让他对你的印象逐渐变得深刻，甚至产生好感。这就是重复的力量。

我们要养成读书的习惯，是"确定性地养成读书习惯"，而不是"可能养成读书习惯"；不是感觉自己会看书，是一定会看书。作为一个老师，我最希望的是学员会学习，要的是确定性，而不是可能性。

把时间用于更有价值的事情，否则就是对生命的不尊敬。阅读，一定为了自己的成长而读，而不是因为谁说阅读重要，或者应付某个人。读书是一件相对来说有点苦，但又特别有意思的事，有时读得毫无乐趣，有时又在书中看到某个道理，觉得这一辈子都值了。

书里有更大的世界，而且是很多个更大的世界。如果你喜欢看武侠小说，那么看金庸的武侠小说就是金庸的"江湖"，看古龙的武侠小说就是古龙的"江湖"，看梁羽生的武侠小说就是梁羽生的"江湖"，看《蜀山剑侠传》又是另一个江湖……放眼国外，看《指环王》就是《指环王》的"江湖"，看《冰与火之歌》就是《冰与火之歌》的"江湖"……

而且"江湖"与"江湖"之间彼此不"认识"。这些"江湖"都是社会的一个个缩影，每个"江湖"有各自的背景、独特的规则，以及各异的人。这一切，出了这个"江湖"便不会再有。

现在常见的社群、圈子，和书里的"江湖"类似。在同一个圈子里，大家彼此认同、非常熟悉，但出了这个圈子，就像陌生人，除非进入新的"江湖"。这个世界很大，圈子很多，在一个圈子里很厉害，不代表在别的圈子很厉害，在一个圈子很有名，不代表在别的地方很有名。

换句话说，一个人再有名，世界上也一定有人不认识他，而且不认识的人占大多数。

阿西莫夫当年参加一个活动。

一个人问："你是谁？干什么的？"

阿西莫夫说："我是写书的。"

那人又问："你写的书一般在哪个出版社出版？"

阿西莫夫回答："一个出版社出版 70%，另一个出版社出版 30%。"

那人说："是不是第一个出版社出版了 7 本，另一个出版 3 本？"

阿西莫夫说："不是的，一个出版了 70 本，另一个出版了 30 本。"

即使已经出版了 100 本书的阿西莫夫，也有人不认识。换句话说，读者再多，不认识自己的人也永远是多数。

这个道理可以用来衡量那些日常生活中给人带来启发的事。

赚钱。第一，赚不到的钱永远是大多数。第二，既然赚不到的钱永远是大多数，说明永远都有钱可以赚，钱是赚不完的。

读书。读不完的书永远是大多数，你能读的书也是大多数，既然永远读不完，那么读书就只吸收能吸收的那一部分。

做事。很多事情做不成，也有很多事情可以做成，既然有那么多的事情做不成，说明还有同样多的事情可以让你做得成。

做生意。不是你的客户的人，永远占大多数。换句话说，永远有人将会是你的客户。任何一个将生意做到一定程度的人，都不会缺客户。为什么？一是因为不管你认识多少人，有多厉害，不知道你的人永远是大多数。二是因为你能服务的人，相对来说永远是少数，你无法服务所有的人，但一定有一部分人需要你的服务。这样来看，你的生意基本上等于做不完。

世界很大，只要愿意去探索，这个世界就属于你。精神世界中的东西非常丰富，有时还可以被转化到物质世界中。

## 3.1.6  阅读的确定性收获

到目前为止，阅读至少让我拥有了 3 份收获。

一是，从书中收获的经验。

人只有一辈子，一天只有 24 小时，既不可能什么都做，也不可能什么都经历过。而有些经验和感受，必须到达一定年龄阶段才会有。但是很多经历过的人，会把他们的经历、感想、收获写进书里。

只要去阅读，并且带上自己的理解和思考，这些事情即使没有亲身经历过，也是能有所收获的。比如，读叔本华的《人生的智慧》和罗素的《幸福之路》，读的时候我还年轻，通过阅读这两本书，学习到如何度过幸福的晚年，并且从年轻时就开始为晚年做准备。

二是，个人成长得比较顺。

对我而言，不管是成长还是创业的推进，相对来说比较顺利，很大程度上得益于阅读。

在大学时期，我就已经开始阅读创业相关的书籍，还看了很多管理学的书。当年，把自己能找到的彼得·德鲁克的书都看了一遍，到现在还经常重读彼得·德鲁克的书，也经常向其他人分享书中的内容。如果你刚刚走上社会，那么推荐你阅读彼得·德鲁克大师的全集，早看早收获，看了之后多少会有所成长。国内很多企业家、创业者都会反复阅读彼得·德鲁克的书，并且进行分享、推荐。

三是，阅读让我减少了很多情绪困扰，找到人生的方向。

刚毕业时，感觉人生比较迷茫，不知道这辈子要做什么，平常有闲暇时间也不知道做什么。当一个人不知道自己要做什么的时候，等于有力无处使，直到找到一件可以做一辈子的事才会突然觉醒，把自己所有的力量都使出来才能做出成果。

如果不知道自己能做什么，就找一件可以充分发挥一辈子力量的事情。

如果在生活或书中看到一些事，只要有人在六七十岁时还愿意花时间去做，只要自己觉得它可以做一辈子，不管是什么，不管别人说有没有用，我都会抓住机会尝试去做。

记得曾经去图书馆时，经常看到两位老人家在看书，他们应该都超过 80 岁了。当时就想，他们到了这个年龄还在读书，阅读应该是一辈子都可以做的事情。我也下定决心，这辈子都要阅读。

再说写作，我看了很多书，很多都是有关写作的，有一些作家甚至写了一辈子。因此，写作是一辈子可以做的事。

通常建议在早上写作，而不要在晚上写作。这也是从一本书中学来的经验。该书的作者用了 25 年证明了在早上写作会更好，这本书是《晨间日记的奇迹》。

传说作者佐藤在截止到出书的时候，已经写了 25 年日记。前 13 年，他是在晚上写的，把日记写成了一本"发泄"日记，里面多记录了一些不愉快的事情，包括对别人的不满和对自己的不满。有一天晚上，他放弃写当天的日记，第二天早上醒来后感觉自己的精神状态良好，想补一下昨天的日记。他发现自己写下的每个字都变得积极、阳光，由此改为在晨间写日记，并持续了 12 年。

晚上写，人很疲劳，写着写着就会感觉这里不对、那里不对。早上写，人的精神比较饱满，心态也比较平和，可以客观地看待发生的事情。另外，早晨象征着希望，写下这一天的计划，这一天便可以过得从容、淡定。所以该书的作者前 13 年在晚上写日记，写成了"后悔日记""反省日记"，后 12 年在早上写日记，写出了《晨间日记的奇迹》。

我也建议，语写能在早上写，就不要在晚上写，因为早上是面向未来的。

迷茫的时候，可以偶尔读读哲学书。哲学不会告诉你任何答案，反而在不停地提问。阅读哲学书，自己慢慢地会开始思考。在思考的过程中，你会体会到哲学的乐趣。

哲学没有标准答案，只会启发你，让你思考自己想成为什么样的人。我比较内向，很多人说内向不好，但自从看了叔本华的《人生的智慧》后，知道这不是一件坏事，于是释然了。

叔本华在书中写道："如果一个年轻人很早就洞察人事，擅长与人应接、打交道，因此，在进入社会，处理人际关系时能够驾轻就熟，从智力和道德的角度考虑，这可是一个糟糕的迹象，它预示这个人属于平庸之辈。如果在类似的人际关系中，一个年轻人表现出诧异、孤孑、笨拙、颠倒的举止和行为，反而预示着他具备更高贵的素质。"

一个人忍受孤独的能力，和他喜欢社交的程度大致成反比。一个年轻人在没有丰富的精神世界之前，过多地投入社交中，容易习惯性向外界求助，以至于最后只会向外界求助，忘记自己的思想也是非常丰富的宝藏。

叔本华还说，写作的 90% 内容都不要给别人看，10% 分享出来。我刚开始花时间语写时有很多人不支持，得知了叔本华的观点后，就不在乎其他人怎么看了。

克拉克的三大定律，也非常有启发性。

第一条，如果一个年高德劭的杰出科学家说某件事情是可能的，那他可能是正确的；但如果他说某件事情是不可能的，那他的观点也许是非常错误的。

第二条，要发现某件事情是否存在界限，唯一的途径是跨越这个界限，从不可能跑到可能中去。

第三条，任何非常先进的技术，初看都与魔法无异。

在探索语写训练的前几年，我就遵循着这三大定律。如果有人觉得语写训练是可以继续的，那么他可能是对的，就是这种信念不断地支撑着我进行更多探索。要跨越语写训练的界限，就是要从不可能跑到可能中去。尽管开始通过语写方式进行写作之初看起来有难度，但是经过训练后可以提高写作效率。

阅读，读的是一种人生状态，读的是一种生命体验，和花一笔钱去享受旅游差不多，只不过阅读是在精神世界中旅游。

## 3.2　积极应对生活中的挑战

### 3.2.1　生活中一定有挑战

生活中的挑战是用来锻炼我们的。**生活中不是可能有挑战，而是一定有挑战。**如果生活中没有挑战，就像结束了的游戏。即使你的生活中没有挑战，也要让它变得有挑战，要做一些之前没有做到的事。

如果一直做已经做到的事情，生活就会乏味、无趣。最好能从一开始，就去做自己做不到的事情，不断挑战，才会进步。持续做下去，原本看起来做不到的事情突然有一天就做到了，而且还能越做越好。回头一看，你会发现原来觉得根本不可能做到的事情，现在变成生活中习以为常的事。

当生活中没有挑战时，就要自己创造挑战机会，主动寻找生活中的挑战机会。

生活中的挑战可以从两个方面来说。

第一，生活中的挑战是客观存在的。

人不可能一辈子不遇到挑战。小时候可能不会遇到什么大挑战，因为有父母或老师的指引，但这并不意味着长大以后也不会遇到大挑战。挑战一定会出现在生活中，生活中的挑战是客观存在的。

第二，克服的挑战越多，能力越强。

越是经受得住挑战，越有可能让自己的能力得到充分锻炼。克服的挑战越多，能力越强。

一般情况下，人觉得生活非常舒适，会有两种情况。一种是过去非常努力，做得不错，让自己进入舒适区；另一种是现在待在舒适区，以后会遇上更大的挑战。第一种情况表示过去做得很好，暂时没有遇到挑战。第二种情况是现在什么都不做，挑战在后面，未来几年会比较吃力。

## 3.2.2　为挑战提前做好准备

挑战一定会发生，但挑战也有大有小。小的挑战在可控范围之内，属于踮踮脚、努努力就可以解决的，相对比较容易。大的挑战要被克服，需要付出很多努力，甚至可能在很长一段时间内都会比较艰难。

应对挑战，也大致可以分为两类情况。

一类挑战是，需要主动应对，并可以做得很好。

比如，在职场中学习全新的技能，实现升职加薪，或者努力开拓渠道，赚到很多钱，又或者去陌生的地方旅行时遇到挑战，等等。这些都属于主动应对挑战的行为，人们一般通过积极主动，都可以应对。

另一类挑战是，有可能发生，但无法提前准备。

比如，意外事件。在电影《时间规划局》中，人们可以拥有无尽的时间，但无法抵御意外和暴力。一旦发生意外，就可能导致生命终结。这类挑战发生得突然，绝大部分人都没有做好准备。但是人的适应能力很强，事情发生之后，人们花一段时间即可面对新的环境。

不管未来可能遇到怎样的挑战，遇到什么问题，或者面对什么困难，**请务必在挑战发生之前就做好应对它的准备：现在就下定决心，不管未来发生什么，遇到怎样的挑战，都能 100%**

**应对它！**这样，再大的挑战都可以提前准备好应对手段。

做好准备后，在挑战来临时，有以下几种反应。

第一种反应：这件事以前解决过，很有经验。这次看看能不能提高效率，更快搞定。

第二种反应：我终于有事情可以做了。这件事，以前不会，等现在学会了，以后又多了一件会做的事情。

第三种反应：这件事，以前没遇到过，但是根据过去的经验判断，难度应该不大。

第四种反应：这是件什么事？以前没做过，好像也没什么经验，其他人也没什么解决方案。没事，一定能解决，来看看怎么做。

电影里可以看到类似的情节：一群人去探险，突然碰到大怪兽，大家都惊慌失措。这时一个领队站出来说："慌什么，大家不要怕！"这句话很神奇，领队可能心里也挺慌，但他大声喊出来后就不怎么慌了。其他人听到他的喊话，觉得有人不慌，也会跟着平静下来。虽然慌乱依然存在，但没有之前那么严重了。

你可以把自己当成自己的领队，未来在遇到挑战的时候，大喊一声："慌什么，以前那么多困难都扛过来了，现在什么困难都不怕！"

无论做什么，一定会碰到问题和困难。大部分情况下，这些问题的难度都不会太高，至少不会高到完全解决不了。因此，我们应做好准备，并且相信自己一定能解决，而且在更长的时间轴上，所有问题和困难都能解决。

### 3.2.3　为未来做好准备

有一天，我突然想到了一些可以做的事情。这些事是过去想做，但没有想过要做到的事情。那天想到的时候，发现这些事情已经变成了当下能做，并且一定会去做的事情。这些事情，过去想做时有一些难度，因为那时的能力还没有那么强，现在再想起来去做时，发现自己已经具备去做的能力了。随着能力的提升，一些之前想过但没有做的事慢慢就可以做了。同样，一些正想做但还没有能力做的事，可以写下来放在一边，为未来做好准备。

就像健身，做锻炼下肢肌肉的负重深蹲时，第一次练要选择适合自己的重量。如果这个重量选择不当，轻了可能没有效果，重了可能增加受伤风险。之后一段时间就按照这个重量来训练，不要特意增加或减少，直到觉得这个重量很轻松就可以完成，发现体能有所提升，然后增加一点重量，如 2 公斤、5 公斤，适应后再增加。最后可以增加到从来没有达到的重量，甚至从来没想过自己能完成的重量。这些逐渐增加重量的过程，都是在为未来能更好地进行负重练习做准备。

还有一些事情，看到以后感觉它很重要、很厉害，但从没想过自己是不是能做成这件事。随着能力的增长，开始想自己什么时候可以做到，然后真正去做，就做到了。

刚开始加入语写练习的学员，常常觉得一天写 10 万字很厉害。写到一定量后，他就想："都是一起学习的人，其他人能写10 万字，我怎么就不能呢？"原本从来没有想过自己可以做到的人，因为在大家都可以做到的氛围、情境里，知道这件事的难度，也了解了自己的能力，训练一段时间之后直接去做，发现自己也能做到。

有什么事，是你过去想做但不敢做，现在不仅做到了，还做得不错的吗？如果有，说明你成长了。

你可以进行这个练习。首先拿出纸、笔，写下 3 件事。

这 3 件事是你觉得非常重要，也很想做，但以目前的能力完全做不到，三五十年都做不到，甚至这辈子都做不到的事。写完后，将纸放到一个盒子里，然后把盒子放到一边，最好 3 年、5 年、10 年都不去看，完全忘记这回事。未来某一天，再看到这个盒子，打开它，看看自己有没有做到当初写下的事情。

你大概率会发现自己已经做到了。可能听起来很神奇，或者你的脑海里现在正在想："怎么可能！"但事实就是如此。只要定下一个清晰的目标，即便以当下的能力根本做不到，甚至到 100 岁都做不到，感觉虚无缥缈，但只要把注意力集中到这个目标上，不断地为此付出努力，不断地提升能力，就有可能在有生之年实现它。

当然，在练习过程中，你可以先制定 10 天、30 天、3 个月、1 年目标，以便进行练习和验证，熟练之后再写 30 年、50 年以上的目标。

十几年前，我看到一本书，书里说："如果不缺钱也不缺时间，你最希望做的 50 件事，以及最想实现的 50 个目标分别是什么？"当时看完之后，很认真地写下了 50 件事和 50 个目标。写不出来时，就把已经写下的非常想实现的事情和目标抄 5 遍、10 遍。现在回头去看，发现当时所写下的很多事情和目标已经实现了。

坚信并且笃定一件事，你所能做的事情比想象中的要多，未来能做到的事情还会更多。

如果你坚信阅读和写作是一个人成长的基本路径，并且不断地去做这两件事，那么你就是在为未来做准备。生活归生活，琐事归琐事，学习归学习，无论如何都要把阅读和写作这两件事一直做下去。人生一定会发生改变，不是"可能改变"，而是"确定会改变"。至少在我的生活中，改变是确定并且肯定会发生的。

生活会发生改变的确定性有多高，取决于你把阅读和写作这两件事坚持做下去的确定性有多高。是一年 365 天每天做到，还是一年只有 65 天做到？这两种"做到"，带来的是两种完全不同的人生。

时间本身不会帮助一个人成长，生活中总会有挑战。但是这些挑战皆有应对方案。不要等挑战来了才去准备，要在挑战发生前就做好准备。这样就能一直走在时间的前面。30 岁就为 40 岁做好了准备，40 岁就为 60 岁做好了准备，60 岁就为 90 岁做好了准备。生活就是一直在为未来做准备的过程。但我们也不能只为未来做准备，而不关注现在。**把现在力所能及的事**

**情做好，做到极致，就是提前为未来做好准备。**

无论做得多好，挑战依然是客观存在的，但应对挑战的能力应高于战胜挑战所需要的能力。就像需要用钱时，账户里刚好有钱可以用。不能在需要用钱时才去赚钱，而是在需要用钱之前就已经赚到了，这样在需要用钱时就不算是挑战。凡是需要用钱之前就已经准备好钱，而恰好又能用钱解决的问题，都不是什么大问题。让解决方案先行，提前做好解决问题的准备，问题也就不是问题了。

只要你坚信自己可以提前为未来做准备，并为此付出行动，那么很多挑战就微不足道了。不要在意未来会遇到什么挑战，要坚信自己一定可以克服所有挑战，不要等到问题和困难发生了才想如何应对。

树立自己可以应对未来挑战的信念不需要太多成本，只要简单地相信自己，就已经是在为未来做准备了。

### 3.2.4 改变心态，改变行动

假设今天遇到了一个问题，该怎么办？你是不是想啊想，想了 2 小时，最终还是说："我要面对它？"那么这 2 小时纯属浪费时间。我们要训练自己，在问题没有发生前就做好准备，并坚信自己此生遇到的再大的挑战都能克服，即使暂时克服不了，也是在为自己创造获胜的机会。有了这样的信念，下次再遇到问题，你就不用再想 2 小时要不要解决，而是直接找解决方案，一些小问题也许在 2 小时内就解决了。

换个说法，**挑战是来帮你成长的**。经受住了挑战，就会获得很多经验。如果碰到一些从来没碰到过的事，则会丰富你的人生。

为即将到来的挑战做好充分准备，经受住了挑战就成长了，没经受住就是正在成长的路上。最差的情况不过是需要让自己的能力再进一步，暂时需要求助于外界把问题解决。你只要在力所能及的范围内，把能做的事情做到极致就好。

心态上做好了准备，不断给自己心理暗示，你就会思考："既然心态上做好了准备，能不能在行动上真正做好？"答案是能。人的行动会随心态的改变而改变。

人生的每个阶段都有一些事情一定会发生，我们应从更长的周期来看，思考哪些事情是现在准备好，未来就不会有大问题出现的。

孩子的成长，如果只看短期，则会发现各有各的问题。如果看长期，每个孩子都没有问题。有的家长看到孩子不爱看书，非常焦虑。但家长可以反过来想想：自己在孩子这个年纪时爱看书吗？

一些书上说，在孩子的敏感期，最好让他做适合在这个时期做的事情。如果错过了这个敏感期呢？也不用着急，因为他可能在一段时间后再次出现敏感期。

不用担心一直错过，生活中会有足够多的机会让一个人成才。尤其是这个时代，信息量足够大，即使一个人在小时候没有接触的一些信息，长大后也能接触到，所以一个人一定有机会成才。

以我为例，在大学毕业之前，能读到的课外书有限，和自己喜欢不喜欢阅读没关系，就是没多少书可读。实在要读，其实也有一些机会，但是不多。

高考之后，才知道县城里有一家新华书店，书店的二楼可以借书，以前根本不知道这件事，也没有太多机会看课外书。知道以后，我就到那里借书，虽然那个书店不大，但对我已经足够了。

目前我赖以生存的技能，都是在大学毕业以后掌握的。过了生存线,能养活自己之后,考虑的问题就不是如何解决生存了,更多考虑的是发展。我思考的问题比较长远,甚至有一些可能不被身边人理解。但长远的发展需要做很多的准备,需要长期的耕耘、高度的自律,直到等到发展时机真正到来。

如果你在毕业之后依然投入很多时间去学习,身边的人可能不太理解,不要在意这些,因为过了 5 年、10 年,周围的"不理解"和你所取得的进步相比,简直微不足道。

家里有小朋友的父母,应尽量把自己的学习过程呈现出来,让小朋友看到爸爸妈妈日常也要学习,会就是会,不会就是不会,不会可以学,会了之后继续练习,让他看到你面对困难、解决问题的过程。你不需要成为一个完美的人,是什么样的就是什么样的。

生活中的挑战不是为了让我们成为完美的人,恰恰是因为本身不完美,才需要不断应对挑战。**每应对一次挑战,面对下一次挑战时都会变得更从容一些。**

有些人会因为生活中的琐事而焦虑,努力让自己从琐事的焦虑中解放出来,才能让自己变得更加幸福。让自己从焦虑中走出来的办法,取决于你自己关注的是什么。就像你拿着一部相机,既可以拍漂亮的天空,也可以拍脏乱的地板。拍哪里,取决于把相机对着哪里，让什么样的场景进入镜头。

大家在朋友圈发照片时，一般会选择发好看的照片，所以会尽力把照片拍得好看一些。同理，写作的时候，要写能让自己感觉幸福的文字，写生活中值得感恩的事件，如"我能正常呼吸""我能早睡早起""我能看见太阳""我能拿起手机开始语写""我能听见外面的声音"……

幸福就在这些十分常见的事情里，以感恩的心态写出来，慢慢地打开思路，你会发现自己所拥有的幸福比想象中的多，只是自己从未注意过。

写作时，要写生活中已经存在的美好事物，尽量不要写类似于"我没有升职加薪"的事。说一说今天有的，不说今天没有的。而对于生活中没有的，应将其写入梦想中。任何对生活的抱怨，都可以找到完全相反的、让你觉得幸福的一面。

重要的不是真的拥有什么，而是感受到什么。**你随时都可以感受到幸福**。比如，你现在正在看书，便是一种幸福。一本书从写作到编辑、出版再到到达你的书桌上，很多人付出了很多努力。而此刻没有人打扰，你有一段安静的时光来专心阅读，这难道不是一种幸福吗？

　　我们习以为常的事情，可能是很多人一辈子都梦寐以求的。有一次，我和爸爸去爬山，向山顶走时，看到两兄弟从山上下来，哥哥走在后面，弟弟走在前面，哥哥的手臂搭在弟弟肩膀上。仔细一看，原来哥哥是盲人，弟弟带着他来爬山。对于哥哥来说，能够和家人在一起是一种幸福。对于很多人来说，能看见五彩的世界，就是一种幸福。

　　有的人一直追求进步，希望到达更高的境界，就像武侠小说里的独孤求败，成为天下第一。大家都在追求进步，在进步的时候，大部分人可以创造快乐，但极少数人可以享受快乐，并沉浸在快乐中，持续创造更多的快乐。

　　多看看自己已有的东西，多努力一些，去创造更多快乐，同时享受快乐。

　　也许有很多声音告诉你：生活很难。请不要在意这些，持续付出，持续贡献，付出更多的努力，应对生活中的困难，这不会让事情变得更难，而会让我们变得更强。

## 3.3　凡事思考积极的一面

生活中有没有什么积极的事情，能让你非常开心？

从长期来看，一个人活得积极一些，会更有力量。哪怕被骗，也最好早一点被骗。早一点被骗，损失不会太大。因为年轻人一般都没有太多资产，被骗后有了警惕心，以后就不容易被骗了。如果被骗的时候年龄比较大，资产比较多，经验也比较丰富，损失可能很大。从这个角度来说，如果在年轻时被骗，则可能是一件好事。

凡事思考积极的一面。

年纪大了，是好事还是坏事？从积极的一面思考，绝对是好事。年纪越大，代表经验越丰富，拥有的总时间越多。时间是一种非常神奇的资源，时间非常公平，不会因为任何原因给任何人多分配一点。从长期来看，时间总量是不变的。

不管什么时候，只要遇到困难和问题就对自己说："凡事思考积极的一面。"想着终于可以锻炼一下自己，还能通过这件事情学到一点东西。

### 3.3.1　积极思考和消极思考的最佳配比

你是一个积极思考者吗？日常生活中，积极思考和不积极思考的比例是多少呢？积极思考和消极思考的最佳配比大约是3：1。也就是说，一个人想活得相对比较精彩，其面对问题时积极思考和消极思考的比例大约是3：1。

换句话说，一天24小时，减掉8小时的睡眠时间，剩下16小时，其中12小时相对积极，4小时偶尔不积极也没问题。但是处于消极状态超过4小时，就一定要努力让自己向积极状态转变。

3：1的比例，意味着每小时开心45分钟，不开心哪怕占了15分钟，生活也是整体向上的。积极状态不一定只有积极情绪，还包括喜悦、平静、感恩、自豪、敬佩、爱等，以及相对来说比较中性、偏积极的情绪。消极情绪一般包括愤怒、自暴自弃、抱怨等，当你觉察自己产生了消极情绪时，一定要让自己尽快从这种状态中抽离出来。

**让自己成为一个积极思考的人，即使做不到 100%，也要尽力做到 75%，让生活越来越美好。**

3：1 这个比例代表着一个临界点，消极情绪超过这个临界点可能会影响到生活。消极情绪就像一场感冒，一开始不严重，人们的工作、生活都没有问题。如果过了临界点，人们会感觉全身乏力，工作、生活多少会出现一些问题。

你可以把自己的情绪、思维看作一种症状，经常给自己把把脉，每当自己郁闷 2 分钟，就告诉自己要开心 6 分钟，或者保持平静、自豪、感恩、喜悦的状态 6 分钟。过去之后，再郁闷 2 分钟也没关系，还可以继续调整，直到调整到积极状态。

### 3.3.2    如何保持积极思考和消极思考的最佳配比

积极的生活和积极的心态，能给我们带来无穷的力量，并且让我们变成对其他人有积极影响的人。因为大家都喜欢和积极、快乐的人在一起。要注意的是，处于 100% 的积极状态，没有一点消极状态，并不是最好的。"人无远虑，必有近忧"，保留一点消极状态可以提醒自己不能自负、自大，要保持谦逊等。

在生活中，积极状态和消极状态可以按照 3 : 1 的比例配比，没有绝对的好，也没有绝对的坏，动态地保持最佳比例，积极、快乐地生活，但也不至于乐以忘忧。

凡事看积极的一面，或者说凡事思考积极的一面，在日常生活中遇到前所未有的困难和问题时，首先要肯定并接受。问题和困难肯定会有，把人生所有的时间分成 100 份，其中 25% 都是用来克服困难和解决问题的。

有一些困难和问题，是成长和生活中必须经历的。

比如，小时候长身体，睡觉时经常觉得腿疼，膝盖酸痛得像被拉扯一样，这是骨骼在生长。有时，还会有胃口大增、容易犯困、睡觉时间变长的表现，这是身体通过增加营养、休息等方法来让我们成长。

又如，人有时会不自觉地陷入郁闷的精神状态，毫无缘由。如果一星期郁闷一次，一次郁闷 7 天，这个问题就严重了，要尽快想办法解决。你可以让自己在郁闷状态中待一会儿，但不能待太久，最好不超过两小时。

我以前不太了解人为什么会定期出现郁闷状态，后来了解到这是一种很正常的现象，它是情绪发出的提醒，用来告诉我们一些需要注意的事情。从那以后，如果哪一天状态不太好，我也会平静地接受，因为这是客观发生的事实，但不会让自己长时间沉浸于这种状态，而是做一些喜欢的事情，如看部电影、看本喜欢的书等，过一段时间就会恢复正常。成长和生活中的这些困难及挑战，就像新陈代谢，是人类生存的本能。

还有一些困难和挑战，是在我们成长到一定阶段后，思想境界提升所带来的。如果我们能一直保持好奇心、保持开放的心态，我们的成长速度则会很快，因为我们的思想不断被超出认知的事实所冲击。

这是一种突变式成长，原本以为正常的事情，突然被告知是不对的，事实与原有的认知相反。就像电影里的反转，某个角色一直是坏人，突然来个反转，原来他根本不是坏人，曾经的种种行为只是一种伪装。对于坏人变成好人、好人变成坏人这种情况，我们的第一反应大多是"怎么会这样"？

这种反转，不是新陈代谢和自然成长所带来的烦恼，而是境界升级所带来的后果。生活中，如果你接受了原来完全不能接受的事实，可以把它理解为成长需要我们接纳全新的认知。

比如，很早之前我都是免费分享自己所学到的知识的，没有想过要赚钱，那时觉得把学到的知识分享出来还要收费、赚钱，有些过意不去。现在我的认知已经完全改变了，学员只有在付费之后才会重视自己的付出、才会有所成长，而老师只有在有了收益之后，才会投入更多的时间、精力来促使学员不断成长。这种思路转变的过程就是成长。

以前在免费教部分朋友如何进行语写时，我曾说过："所有人都可以做到一年内语写 100 万字"，并在课堂上带领大家直接语写了一万字。大家回家继续训练，一年内都可以完成 100 万字。过了一年，回访当时的学员，问大家语写了多少字？是否达成 100 万字的目标？结果只有我完成了。

这让我烦恼不已：即使免费教大家，事实上也不是所有人都会一直写。怎么办呢？现在语写服务收费之后，学员们成长、进步的速度反而变得很快。

这是为什么呢？有很多种因素。比如，有了收入，语写服务研发投入增加，语写工具比原来更方便使用；踩过很多"坑"，有了避"坑"经验，数据统计和分析更加高效；等等。

最开始，我也曾为是否收费这个问题而纠结。迈过这个阶段，接受原来不能接受的事实，就是成长的收获。

### 3.3.3  是问题还是机会，在于怎么看

有时，我们在生活中碰到的问题看起来是问题，实际上是机会。

比如，你在一个地方待不下去，也可能是一个机会。

年轻人工资太高，是好事还是坏事呢？一般来说，一个年轻人刚走上社会，如果能快速地融入社会，和所有人相处得很融洽，各方面社交关系非常不错，对他自身而言不一定是一件好事。但是如果他这也碰壁，那也碰壁，反而是好事。

假设，刚刚进入社会的年轻人，收入很高。这个"高"是指收入和他的能力不太匹配。有两个年轻人，他们的能力市场价值均为 10 万元，但其中一个年轻人的工资为 50 万元，另一个年轻人的工资只有 5 万元。

对于拿了 50 万元工资的年轻人而言，其实市场多给了他 40 万元。他知道自己拿多了，下定决心要努力成长，以配得上自己多得的 40 万元。他在市场发现他的工资不应为 50 万元之前，让自己的能力价值提升到了 50 万元，这相当于市场提前支付了他成长发展的费用，这是好事。

但是如果他对自己的价值没有清晰的认知，很可能觉得

自己凭实力获得了 50 万元，"躺"在原来的职位上一直拿着 50 万元的工资，那他将始终停留在了这个阶段，很难继续提升。

就像很早以前有人养蛐蛐，一开始蛐蛐可以跳得很高，但养蛐蛐的人一直拿罐子关着它，后来即使拿掉了盖子，蛐蛐还是只能跳那么高。

另一个只拿 5 万元工资的年轻人，发现市场没有给他应有的工资，为了向市场证明自己的能力，努力成长。一个人不断努力，每天比原来成长得多一点点，敏感的市场会感知得到，并且很快会给予他应有的待遇，他开始在市场上拿到 10 万元、50 万元，甚至 500 万元的工资……

年轻人一开始起点高到底是好事还是坏事？一个人的能力市场价值为 10 万元却拿到了 50 万元的工资，两年后市场发现他不应该拿这么多，这中间的差价他迟早要还回去。比如，换工作，他可能高不成低不就，得重新调整自己的期望；选择创业，由于习惯了高工资，他的创业成本比同级别的人可能高很多。都是能力市场价值为 10 万元的人，以 50 万元的收入创业，其机会成本就是 50 万元，如果没有 50 万元的收入，其在心智感知上是亏损的；以 5 万元的收入创业，其机会成本是 5

万元，只要收入超过 5 万元，他就会感觉自己是赚的。

假设你有两个选择：一个是躺平，收入还不错，高于市场平均值，很稳定；另一个是收入不高，也不太稳定，每天都在生存线边缘挣扎，每天都要思考到底怎么样才能让自己的收入更稳定或达到相对稳定的水平，并且需要不断奋斗、博弈，让自己快速成长，在 10 年后成长到一定的阶段。你会选哪一个？

回想一下，这些年你做出的选择，会不会有这样的可能性：有更好的机会可供选择，却因为自己目前的收入很高所以放弃了这个机会。如果收入降低一半，选择成本也就降低了一半，选择成本相应降低也意味着有更多的机会。年轻人之所以不怕困难和问题，很大程度上在于他们"一张嘴吃饱，全家不饿"。但是过了这个阶段，走入婚姻，开始承担家庭责任，人们的选择成本也会变得很高。

稳定是高手的特质，但稳定也可能意味着一个人一直停留在某个阶段，无法成为真正的高手。人的行为是随机的，要时不时挑战自我，完成一些自己之前无法完成的事情。打破当下的平衡，挑战新的极限，才能有新的突破和收获。时不时地突破，对人的成长是巨大的。

总结一下。

第一，成长的痛苦有时来自成长的"新陈代谢"。

偶尔的郁闷，是好事情。每次郁闷时，可以让我们深入思考，会有好事随之而来。郁闷说明我们即将解决更大的困难和问题，也意味着会快速成长。

第二，每次成长都有可能使你改变原有的认知。

无论你心里觉得什么是对的，成长都将改变你的旧认知。

做事的时候，不要先入为主地评判，尤其不要抱怨。有时你会疑惑："这个人做事情怎么这样？"其实是你不能理解他的认知和处境。

第三，只有少数人会终生伴随你。

如果你有远大的目标，那么能和你一起从头走到尾、一起把目标完成的人一定是少数，大部分人都是你人生中的过客。如果你有远大的目标，则要谨慎地对待这个目标，不管多少人反对，都要坚守当时出发时的初心和原则。这样，你的进步会越来越快。

第四，保持积极状态和消极状态的最佳配比（3：1）。

在生活中，75% 的时间保持积极状态即可，剩下 25% 的时间该郁闷就郁闷一下。没关系，这不会影响到生活的积极性，但是一定不要过于消极。消极过后，要对自己说："我已经为担忧的事情做好准备，接下来就勇敢面对困难吧。"

# 3.4　机会是否存在于尚未接触的地方

## 3.4.1　换个角度，能看到从未注意的事

在日常生活中，我们可以经常进行反向思考的练习，发现一些特别的视角。

有没有一种可能，生活中早就存在一些机会，但从未被看到，还有一些资源尚未被发现，这些机会和资源一旦被挖掘，就会带来重大改变。

以前，人们不知道空气可以传播信号，都用网线连接终端设备，后来有了 Wi-Fi，人们就可以用无线的方式相互连接。机会也可能像 Wi-Fi 一样，存在于我们看不见的地方。看不见不代表没有，只是我们没有换角度思考罢了。经常转换角度提

出问题、深入思考，有助于我们提升自己的思考能力。

写作，有些人写的是自己的生活经验。写着写着，灵光一闪，突然意识到：为什么从来没这么想过？为什么从来没意识到自己是这么思考的？这就是注意到了一些自己从来没有想到的事情。他所利用的资源是自己的思维资源。

阅读，读者读的是作者的经验认知。有时读到一些道理或行动方法，并不是不会，而是从没这么想过。一旦看到，立刻就学会了。虽然只有很低的成本，但能产生巨大的收益。这也是阅读带来的"低成本、大收益"。

读什么书能够产生这样的收益呢？根据经验，阅读过程能带来愉悦体验、能让你产生共鸣，越读就会越想读，往往能产生很多的收益。

我很喜欢阅读历史类书籍，比较关注在什么年份发生了什么事情、对什么人产生了什么影响等。通过阅读这类书籍，"遇见"了第一个发现黄金的人、第一个发现石油的人、第一个从纽约飞到巴黎的人、第一个炸薯片的人……

薯片，这种让人一吃就停不下来的零食是怎么来的呢？据说有一个厉害的主厨，他做的菜的味道非常好，很受欢迎。

有一次，一位客人到餐厅吃饭，却说薯条切得太厚，不好吃。这个主厨有些生气，于是把马铃薯削成薄片，炸得又焦又脆，还撒上了盐，根本没法用叉子吃。他本想让客人"出洋相"，结果没想到，客人吃了薯片之后赞不绝口。于是薯片就这样诞生了。

还有美国的淘金热。最初是庄园主约翰·萨特手下的一个木匠偶然间发现黄金，并告诉了约翰·萨特。这个发现让约翰·萨特很高兴，也很担心，他怕别人来抢，怕自己保不住黄金，更怕付出很多心血的庄园被破坏。于是他再三嘱咐木匠不要泄露这个秘密。但木匠还是告诉了一起工作的人，消息慢慢地传开了。

一开始人们半信半疑，一个杂货店老板从中看到商机——卖淘金设备。不管有没有金子，只要有人来淘金，就需要淘金设备，这是稳赚不赔的买卖。于是他想方设法地把发现金子的消息传扬出去。

很快，附近梦想着发大财的人都聚集到了这里，他们发现可以毫不费力地挖出金子，赚到很多钱。消息被媒体报道后，全美国甚至全世界的淘金者都来到了这里，这就是著名的淘金热。

最初发现黄金的约翰·萨特并没有发财，反而破产了，失去了自己的土地和财产。真正赚到钱的也不是淘金者，而是商人，如那位卖淘金工具的杂货店老板，还有牛仔裤的发明者施特劳斯。

这个故事告诉我们很多道理。比如，秘密只要告诉了一个人就不再是秘密，而且很快会传遍世界。所以守护秘密的方法就是永远不说。另外，真正赚钱的不是所有人都看得到的"机会"，而是那些隐藏着的刚需。换个角度，可以发现巨大的商机。

还有一些书中隐藏着其他故事。比如，阿加莎·克里斯蒂的《东方快车谋杀案》中的故事背景糅合了两个真实事件。

第一个事件是，作者阿加莎·克里斯蒂多次搭乘东方特快列车，还曾被暴风雪困在土耳其附近6天，也遇到过洪水和滑坡。这些经历成为暴雪天气、旅程中断等背景描写的灵感来源。

第二个事件是著名的"林德伯格绑架案"。1932年，美国著名飞行员林德伯格的年仅20个月大的长子被绑架并撕票。这个案件从发生起就备受关注，除了案件本身充满疑团，还因为林德伯格的社会地位非常高，他是世界上第一个单人驾机不着陆飞越大西洋的人，当时是如同好莱坞明星般的存在。

再延展一下，林德伯格的妻子安妮也很优秀，她是第一位获得滑翔翼驾驶执照的美国女性。作为林德伯格最信任的副驾驶员，她曾伴随丈夫环绕北大西洋进行飞行探险，首度开发出横越海洋的飞行航线。夫妻俩还曾于 1931 年飞到中国，当时江苏高邮发生洪灾，他们志愿提供了航拍勘探服务。

是不是很有趣呢？一本小说的背后有两个真实事件，深入挖掘便能发现有所关联的故事。

如果重读一些书，会发现一些以前从未注意到的细节。比如，《奇特的一生》早期的版本将"彼得·德鲁克"翻译为"彼得·杜拉克"，费曼有时也被翻译为"费恩曼"。这两个名字是指同一个人，如果不知道的话，很可能会将其当成两个人。

再说一个毕加索和《蒙娜丽莎》的故事。

1911 年，《蒙娜丽莎》被盗。卢浮宫查了一周也没有查到任何线索，于是登报重金悬赏，在巴黎闹得满城风雨。因为这起失窃案，《蒙娜丽莎》被很多媒体关注，天天上头条。有几个人宣称自己有《蒙娜丽莎》真迹，媒体都进行了报道。

毕加索在 1903 年认识了诗人纪尧姆·阿波利奈尔，两人关系密切。纪尧姆·阿波利奈尔的秘书从卢浮宫里偷了两座雕塑，毕加索看到很喜欢，就买了下来。毕加索从这两座雕塑获得了灵感，创作了代表作《亚威农少女》。

在《蒙娜丽莎》被盗期间，纪尧姆·阿波利奈尔的秘书在看到报纸上的悬赏后向《巴黎日报》爆料，把自己偷雕塑的事情和盘托出，还牵扯到了毕加索和纪尧姆·阿波利奈尔，随后他就被警察带走了。毕加索和纪尧姆·阿波利奈尔得知秘书被抓，想把雕塑扔掉。他们把雕塑放到手提箱里，带到河边，最后没有找到合适的地方扔，又带了回去。

随后两人被传讯，成为《蒙娜丽莎》失窃案的主要嫌疑人。在审讯中，毕加索称自己不认识纪尧姆·阿波利奈尔。最终因为没有明确的证据，两人被释放。

这件事在当时轰动一时，现在我们很多人已经不知道这个故事了，但是看传记便能发现这些故事。

### 3.4.2　发现生活中尚未被看到的机会

仔细观察一下我们的生活，有一些机会一直存在，但没有关注就无法发现。一旦关注到，就知道这是一个能给生活带来重大改变的机会。

有的习惯就能带来这样的机会。很多人认为保持习惯需要拥有毅力。事实上，习惯就是习惯，习惯的启动成本和维护成本相对较低，成为习惯后，不需要付出太多努力就可以做到，习惯会塑造和改变人的生活。

在我的理念里，**所有事情都要遵循一个法则：做事的时候，要做到成本最低**。比如，举办一场线下聚会，这场聚会的成本低到几乎不需要维护，只要发一句话："明天老地方见"，大家都知道时间、地点，能来的人回应一声，准时到就行。这个维护成本非常低，能持续较长时间。

语写也是如此。在固定时间、固定地点进行语写形成习惯后，继续延伸，开发新的语写场景。如果只有在特定的时间、特定的地点语写才能保持专注，那么将无法坚持下去。要将自己训练成在不同的时间、不同的地点都能语写，使语写体系已经完全融入你的生活中。

直播同理，如果只有在某个特定的地方才能做直播，一定会出问题。因为人不可能一动不动，总会遇到一些意外情况，打破固定的节奏。如果只有在某个特定时间才能做直播，其他时间播不了，则无法坚持很久。最好的方式是，在固定时间做固定直播，在非固定时间偶尔直播（用来说明重要事项）。

以前，在固定时间直播，即使做预告也没有很多人预约。

积累了一些观众之后，开始在非固定时间直播，在线观众数量和我在固定时间直播时的差不多，这就是坚持的力量。一是，观众确定在固定时间我会在直播间，他们只要有时间就会进直播间。二是，看直播次数多了以后，会越来越感兴趣。所以非直播时间看到通知后，也会在线看。

有的观众在直播间待的时间长了，就感觉自己没有听不懂的内容。对于某方面的内容，当我一再强调并且重复很多次以后，他才发现我所说的他没有去做，或者没有做到。等他直接去做并且做到之后再来听，会发现背后还有更大的知识体系。

"自由才能创造"就是最典型的例子。我经常说这句话，有的学员听完之后就开始行动，个人发展得很好。为了保持创造力，必须自由。如果你想阅读，则必须拥有一定的自由度，这样才能想看什么书就看什么书。当你意识到自己需要自由时间时，便会开始观察自己的生活，寻找更多的可能性，找到那些原来被忽视的时间，用于阅读。

**早起这个习惯也是一种资源，而且是一种非常优质的资源。**因为早起之后的时间可以自由安排，不会受太多的打扰，也不会有太多的琐事。用于洗漱、化妆等生活事务的时间可以调整，收到的消息如果不太紧急，可以稍后回复。

　　如果能把早上 5 点至 8 点这段时间好好利用起来，相当于拥有了一段高效的时间。早睡早起，调整自己的时间结构，把时间资源重新安排，能获得每天 3 小时的自由时间。

　　也有人说，晚上也精力充沛。但这不代表所有人都是这样的，有可能只是他们习惯在晚上做事，并没有花同等时间在其他时间段进行训练。

　　要得出一个结论，最好看数据。在不同时间段进行同样的训练，观察自己的表现，综合各方面的情况，这样得出的结论才是真实的，才能准确知道自己到底在什么时候效率最高。得出结论不能凭感觉，要看数据。如果数据表明，晚上做事效率高，那么就可以在晚上进行一些高效创作的训练。

　　数据最好是长期观察得出的。做时间记录，很多人在前半年甚至一年，都没有太大的感觉，但在第三年、第四年能够取得非常人的收获，一方面是因为有了两三年的数据之后，更容易看出未来的趋势，另一方面是生活会在 3~4 年中发生变化。因为在短期内生活一般不会发生太大的变化，但是在 3~4 年的时间内大概率会发生变化。

　　只要你下定决心做出改变，3~4 年的时间，生活大概率会发生变化，甚至可以说是确定发生变化。回想一下我们的学生时代，基本上 3~4 年就会换一个环境，初中 3 年、高中 3 年、大学 4 年，有的学校或专业可能要读 5 年。其间，我们感觉一直在学习，生活没有发生什么变化，但每换一个环境，我们的状态都会有所改变。毕业后选择不同的城市也是如此。

### 3.4.3　选择环境是一种机会

选择一个合适的环境，也是一种机会。环境的力量非常神奇，到了一个新环境，我们会不自觉地做符合这个环境的事。比如，到了舞厅，舞曲响起，你会不自觉地跟着跳起来。周围所有人都觉得跳舞是正常的，哪怕跳得很差，你也可以随着大家一起舞动。

环境如何对一个人产生影响呢？分享一个故事。主角是彼得兔的创作者波特小姐。她在大约 30 年的时间里创作了很多绘本，包括我们熟悉的《彼得兔的世界》。

27 岁的波特小姐得知家庭教师的儿子生病了，想给男孩一些安慰，就写了一封信，信里图文并茂地讲述了 4 只淘气的小兔子的故事。彼得兔就这样诞生了，它的原型是波特小姐自己养大的兔子。

男孩很喜欢彼得兔的故事，于是波特小姐一直以书信的形式给男孩画画、讲故事。她把这些故事整理、编辑成书稿，想要出版，但被出版社拒绝了。于是她自费印刷了 250 本，送给不同的人，受到了大家的喜爱与推荐。波特小姐这是在主动打造个人品牌。

后来一家曾经拒绝波特小姐的出版社推出了彩色版《彼得兔的故事》，大获成功，之后陆续出版彼得兔系列书籍。该出版社由三兄弟负责，三弟诺曼一直和波特小姐保持沟通，两人志趣相投、互相尊重，陷入爱河后很快订婚。但不到一个月，诺曼就因白血病去世。

波特小姐很伤心，用自己的稿费买下了山顶农场，她后半生都生活在这个农场里。她曾在年轻的时候来过这个农场，觉得这里是"一个让时间慢下来的地方"。她花了很多时间打理农场，并且将农场生活巧妙地融入作品中，不断推出新的作品。现在，还可以在这个农场找到波特小姐在作品中描绘的场景。

因为有人想开发山顶农场的周边，所以波特小姐买下了农场周边大量的土地。她与乡村律师威廉相识、相恋并结婚，两人志同道合，度过了 30 年的幸福生活。

波特小姐去世后，家人将她名下几乎所有的财产捐赠给了国家信托（一个慈善机构，旨在保护英国的自然与历史文化环境）。这不仅保存了山顶农场及其周边的优美环境，也留下了彼得兔故事里的真实场景。每年有很多粉丝来到山顶农场，在彼得兔博物馆中重温童话的美好。

在这个故事里，波特小姐才华出众，也非常有经济头脑。她通过出版书籍、发售衍生产品等方式获得收入，用心进行财务管理，经济富足。她喜欢乡村生活，为自己购买了农场，在农场中用心生活、专心写作。这是很令人向往的状态。她为自己创造了很好的环境，也留下了一个美好的环境。

合适的环境，有助于做成事。但这并不是说，要等到环境合适后才去做某件事。**理想的状态是在特定的环境中做特定的事情，现实的方法是"此时、此地、此人"。**

此时：现在可以做的事情不要等到"想象中的以后"做。早上能做的，不要等到晚上再做。

此地：能在这里做，就不要去别的地方做。

此人：自己能做，不要期待别人来做。

有时，一些事情做不成，无非也是这 3 个原因：本来现在可以做，却要明天再做、后天再做；本来在这里可以做，却要换个地方做；本来自己可以做，却要等其他人来做。明天有明天的"此时、此地、此人"，后天有后天的"此时、此地、此人"。期待更好的时间、地点、人，事实上并不一定会更好。我们应聚焦于"现在、这里、自己"，立刻去干。

### 3.4.4　像鱼一样看狂风暴雨

像鱼一样看狂风暴雨，是一种什么样的状态呢？

鱼生活在海里。不管海上是风平浪静，还是狂风暴雨，抑或是海底地动山摇，海中的鱼都不可能逃避。它们有的感知到海洋的变化，选择潜入更深的区域，或者游到风暴区域之外，如鲨鱼、海豚；有的留在原地，寻找一个合适的藏身之处，等待风暴离开，如海龟、牡蛎；有的直面飓风，进化出新的生存方式，如珊瑚。

这个故事告诉我们如何应对环境。

飓风、海啸是破坏力很强的自然现象，严重时甚至可能引发巨大的灾难。对于鱼来说，飓风或海啸有时就发生在自己熟悉的区域。但无论冲击有多大，它们都需要应对，还需要在灾难过后适应新的环境。

我们都身处不同的环境，都会受到环境的影响。环境变了，该如何自处呢？这是积极的环境，还是消极的环境？是随着环境的变化而变化，还是坚持自己，不让环境改变自身？这些问题的答案，取决于你如何看待环境：是保持积极的心态，还是消极的心态。像鱼一样，积极地面对变化、主动地适应环境，才是最好的策略。

长期生活在水中的鱼，知道它即将面临的狂风暴雨是否危险。假设有两条鱼，选择了完全不同的应对方式。

对一条鱼来说，狂风暴雨是可以接受的，心态比较轻松。这也可能是一个机会：将它带到更大的海域，而且它很想去太平洋、大西洋，于是它抓住这个机会，趁势前行，朝着目标快速跃进。

另一条鱼觉得，狂风暴雨会带来危险。它担心自己的小屋被冲走，发愁接下来要去哪里躲着，以避开狂风暴雨引起的海浪，而且最好不要离开熟悉的海域，毕竟世界那么大，哪里都有危险的情况发生。于是它找到一个小空间躲起来，等狂风暴雨过去，再回到被破坏的小屋前，重建自己的家园。

3 年后，第一条鱼游了回来，两条鱼再次相遇，开心地聊了起来。它们聊起了 3 年前的那场狂风暴雨。

游出去的鱼说："那是一次灾难，也是一次机会，我随着海浪去了其他的海域寻找生存机会，发现原来世界很大，有暖流，有寒潮，有热带，有温带，还有比自己大一千倍、一万倍的鱼及各种颜色的鱼。"这就像我们日常生活中看到更大的世界，遇到了一个能力比自己强一千倍、一万倍的人。

一直待在家里的鱼说："怎么可能有那么大的鱼，我们这里根本装不下呀？鱼不就一种颜色吗？哪来的五颜六色。"它也不是故意抬杠，只是因为没见过，所以无法想象。

看过世界的鱼邀请一直待在家里的鱼一起去看世界，如果它做好了准备，可能会一起游出去，如果没有，它还会继续待在熟悉的环境中一动不动。

人也一样，环境变了，是随着大环境变化，还是在现有的环境中没有改变，取决于自身的心态和选择。不管环境如何变化，我们都可以做好应对变化的准备，以便把握住去看更大世界的机会和可能性。

待在一个地方，就像青蛙坐井观天一样，也是可以的。青蛙一直待在井里，从来没有出去看过更广阔的天空，也能够很幸福。如果它选择跳出来，看到天空很广阔，但此时年龄已经大了，跳跃的力量不够，跳不了很远，看不了更大的世界，因此而抱有遗憾，也是非常难受的。

当然，还有一种心态是"朝闻道，夕死可矣"。原来一直求索，但困于井中，终于有一天离开井看到了更大的世界，于是和后人说："一定不能坐井观天"。我们眼中的天空很小，是因为井口只有这么大，跳出来就能看到更大的世界。

环境可以影响一个人，而且是巨大的影响。同时，不一定是大环境，生活中发生一点小小的改变，就等同于换了一个环境，就会产生影响。

比如，换一本书来读，就是换一种环境，换一个世界。再如，走到马路上看匆匆而过的人，给他们的心情打个分数，也可以看出环境对人的影响。

通常，身处一个环境中，非常好或非常不好，我们都可以感受得到。反倒是在一般的环境中，可能不会有什么感觉。这就需要我们去观察足够多的环境，接收足够多的信息，提升自己对环境细节的感知能力。

其实，这种感知能力，我们天生就有。仔细观察一下孩子，会发现他们的情绪感知力、好奇心、学习欲望、共情能力都非常强。长大后，这些天生的能力可能被压抑了，于是我们有时感知不到环境的变化，觉察不到他人的情绪变化。想要恢复这些能力，就要保持对生活的好奇心，以及积极开放的心态，探索更好的生活。

### 3.4.5　用现有的资源创造更大的世界

你今天过得怎么样？满意程度用 1~10 分打分，能打几分呢？

如果是 9~10 分，这个分数高于自己的预期，就看看今天做了什么，和昨天有哪些不一样？

如果是 5 分以下，就要想一想：为什么不满意？做些什么可以提升到 7~10 分？

用现有的资源创造更大的世界，和"用有限的资源创造无限的价值"有异曲同工之妙。

大部分人的生活是相对稳定的，出门旅行的时间较少，在家或上班的时间比较多。想更好地运用自身资源，要考虑什么因素呢？

先说外部资源。

如果你大部分时间待在家里，那么你的资源肯定是有限的。

房子再大，也只是一个小地方，空间资源是有限的。所以无论是租房，还是买房，应尽可能地选择公共配套设施比较好的地方，如靠山靠水、靠近公园、靠近图书馆、靠近商场或商业街区……这些都可以成为你的外部资源。

每个人的喜好不同，有人喜欢大自然，有人喜欢图书馆、博物馆，有人喜欢逛街，有人喜欢泡咖啡馆……选择房子时，应尽可能靠近自己喜欢地方。

原来你只有家中的资源，现在外面都是你所喜欢的地方，外面的资源也都可以利用起来。家里比较小，外面的世界比较大。

再来说内部资源。

你的思想，就是你的内部资源。

你内心的一句话、一段记忆、一个笑容……

你经历的事、看过的风景、读过的书、写过的字……

你的认知、你的心态、你的信念、你的理性、你的梦想……

这些都是你的内部资源，它们拥有巨大的能量，随时可以调用，随时可以发挥。而且它们能为你创造无限的内在世界。

就像康德，他一生几乎未曾离开家乡，但创造出批判哲学体系，成为德国古典哲学的创始人。

**训练自己的思想，有一个很好的方法：每天向自己提一个问题。**

不管前提，不管结果，甚至可以没有答案，只是单纯地思考一个问题。思考问题，会让大脑越用越灵光，原本大脑可能有些混沌，想着想着，突然就变得通透、清晰了。

以前有这样的习惯：不断地向自己提出问题（我还想过自己能不能提出 10 万个问题）。不断提问：是什么、为什么、怎么做……我发现，不断提问会让人对很多事情的看法发生天翻地覆的变化。正确的问题，本身就是最好的答案。

而重要的是提问的习惯，问题可以多种多样：

是什么让我们成长为现在的样子？

为什么能取得现在的成绩？

怎么做才可以比现在更好？

如何在明年 12 月 31 日之前，100% 达成目标？

如果说 2 小时以上的时间是资产，如何才能充分利用这笔资产创造更多的价值？

…………

也可以问非常具体的问题，接连提问，甚至马上进行回答，如下。

Q：阅读时，虚构类和非虚构类书籍，如何分配时间？

A：《如何阅读一本书》中写道：两者都要有所涉猎。阅读非虚构类书籍，可以获得很多新知，提升认知，加快进步的速度。阅读虚构类书籍，则可以让自己放松。

Q：年龄很大了，还能学习吗？

A：任何时候都可以从 0 开始，只要时间周期足够长。柳比歇夫会说好几门外语，都是他在 30 多岁之后利用碎片化时间学习的。

Q：当下，我们大部分人所拥有的资产和接收的信息都非常丰富，但为什么没有成为非常厉害的人呢？

A：因为还没有把自己能做的事情做到极致。

# 第 4 章　生活为源——
# 主动选择幸福，积极创造美好

## 4.1　快节奏下的慢生活

从 2015 年开始，每年国庆节，语写社群都会举行"语写国庆马拉松挑战"，在国庆期间一起挑战语写马拉松，既可以挑战语写 42195 字，也可以挑战语写 10 万字、20 万字……不设上限。2022 年是语写马拉松举办的第八年，语写学员在 10 月 1 日共输出了 1000 万多字。

如何挑战一天语写 10 万字呢？为什么我们要进行这种挑战呢？

一天语写 10 万字是一天语写一万字的 10 倍，对还没有达到的人来说是极限挑战，因为原本 10 天完成的字数现在一天就要完成。换句话说，这是把一天当作 10 天来用。也许你会问：难道不做其他的事情了吗？并非如此。有的语写学员在 2022 年就坚持每天语写 10 万字，超过 270 天。这样一来，每天语写 10 万字便成为他们的一种生活习惯。

我们是在创造一种快节奏下的慢生活。

快节奏，是这个时代发展的特点。如果你在一线城市的中心地带，则能清晰地感知这种快节奏。

慢生活，是我们追求的一种生活状态。任何人都不可能一直加速，提高效率的目的是让自己生活得更好。因此，我们应让自己慢下来，体验生活，思考自己喜欢怎样的生活，进而创造自己喜欢的生活。

我常常说：**语写最大的功能是创造**。在语写过程中，我们应尽可能地创造自己想要的生活，写喜欢的事情、未来的生活，而不要一直说不想要什么。我相信，在语写中所描述的事情，未来很有可能会实现。你在语写中描述了，就会在现实中推进，一步一步向前，直到实现。

**生活中的每一天都是普通的一天，但可以是你这辈子最重要的一天**。只要你把每一天都当作重要的一天，做一些重要的或者特别的事情，未来就可能在此刻开始创造。

比如，进行语写极限挑战。选择在某一天挑战语写 10 万字，探索自身的极限，发现原来自己的能力已经超出自身的认知，原本以为做不到的事情现在不仅可以做到，还能做得更好。那么，这一天就是非常重要的一天，也可能是这辈子最重要的一天。

我们还可以选一天做一些平时不太做的事情：有可能是不太愿意触碰的事情，有可能是很少主动去想的事情，也可能是快节奏下无暇顾及的事情，让自己去想一想，并为之付出行动。

总而言之，快节奏是大趋势，慢生活是我们主动创造出的喜欢的生活状态。

## 4.2　多读故事，觉察生活

日常生活中，我们经常会听到一些故事、道理、方法、知识……不知道、不去了解它们，对生活也没什么影响，但是知道以后，我们就会明白它从哪里来、为什么会这么说，从而更全面地了解一条信息背后的故事、道理等，从而获得更多的乐趣和收获。

### 4.2.1　多读故事，获得不同视角

有时，同一个故事，前人对它的解读，和自己对它的解读，或者其他人对它的解读，是完全不一样的。

不知道你小时候是否喜欢看寓言故事，如果喜欢看，现在也可以拿出来重温一下。现在看的心境和小时候看的心境，一

定有很大的不同，如现在对故事的理解会更深入一些。

当然，很多书籍和电影，看过一次还可以再看一次。再看时，心境也会有所不同。

从电影《寻梦环游记》中我们知道，真正的死亡是世界上再也没有一个人记得你。如果还有人记得你，你就不会真正消失。我们的思想也是如此，如果你的思想一直被记得、一直在被传承，你就会一直存在。就像孔子，他在人们的心中一直存在，人们对他了解得越多、越深入，他的形象就越立体，他已成为一个清晰的客观存在。

在有些人身上，阅读是不确定的行为，可以读也可以不读。但你可以将阅读变成确定性行为，即培养阅读习惯，多读一些想看的书。如果你没有什么理由一定要看或一定不看某些书，那么就看你想看的。

有人说，性格内向的人更适合阅读。事实上，性格内向和性格外向并不是绝对的。

性格外向的人，在一些特定的场景，如图书馆，也能安静地拿起书阅读，享受独处的时光。

人的行为是随机的。性格内向的人"宅"久了，也会想出去散散步、走一走。性格外向的人天天往外跑，有时也想待在家里好好休息。性格内向的人也会有外向的表达需求，而在表达之后需要安静一段时间，进行自我修复。性格外向的人也有独处的想法，一个人待一段时间后，又想和朋友出去玩，在人群里获取能量。不管是什么性格的人，都会有反向需求，都需要补充能量。

寓言故事，会告诉我们很多道理。

一条河里生活着一只河马。一天，河马的眼镜掉了，它没法看清周围，觅食也很不方便。于是它到处找自己的眼镜，一会儿潜到水下，一会儿跑到岸边。

河里的老龟和它说："眼镜丢了没关系，不要动，过一会儿自然就能找到。"

河马不相信，还是不停地找眼镜，找了很久都没有找到，直到累得不行，实在没力气了，才停下来休息。过了一会儿，它发现眼镜就在不远处的河床上。

原来，河马跑来跑去地找眼镜，把河水都搅浑了，近在咫尺的眼镜反而看不到了。当它停下来，河水慢慢变得清澈，眼镜一下就被找到了。

这个寓言故事告诉我们，有时候遇到一些事，如果一直埋头处理，则可能越处理越乱。如果稍微停下来，看一看周边的环境，看一看事情的全貌，看一看自己处在什么位置，则原本混沌的事情可能一下子就变得清晰了。

假期是停下来看一看的最好时机，我们可以看看自己在忙碌的时候忽略了什么、得到了什么，以及还要继续做什么。要坚持做自己想做的重要的事。

让我们来看另一个寓言故事。

一对父子赶着一头驴，准备到集市上将它卖掉。

一开始，驴走在前面，父子俩紧随其后。

半路有人笑他们："有驴都不知道骑。"父亲一听，觉得有道理，便叫儿子骑驴，自己走路。

走了不久，一个老人看到说："世风日下，这儿子真不孝，自己骑驴，让父亲走路。"于是，父亲叫儿子下来，自己骑到驴背上。

走了一段路，遇到一个妇女，她说："这父亲真狠心，自己骑驴，却让儿子走路。"父亲听后，连忙叫儿子也骑上驴背。

刚走没几步，又有人说："这小毛驴真可怜，两个人骑在上面，也不怕把它累垮了。"父子俩赶忙溜下驴背，把驴的四只蹄子绑起来，用棍子抬着驴往前走。

他们经过一座桥的时候，驴挣扎了一下，掉到河里淹死了。

这个寓言故事有多重解读。

第一，独立思考。

父子俩人云亦云，没有进行独立思考，不知道自己要什么，一听别人的话就改变自己的行动，最终不仅没能达成目的，还失去了驴。一个人只有能独立思考，才知道自己要做什么，也就不会因为别人的意见改变自己的行动，而是按照自己的计划，走自己的路。

第二，做自己。

任何人、任何事，都不可能让所有人满意。不同的人会从不同的视角出发，发表不同的观点。但凡认同其中一种，就无法完全符合其他人的观点。

不管别人怎么说、怎么看，你都应坚定地做自己，保持自己的行为方式不变。总有人认可你，也总有人反对你。坚持自我，不要因其他人不合理的评判而动摇。

第三，目标明确。

父子俩骑驴、不骑驴、谁来骑驴，都不是重点，重点是把驴赶到集市上卖出去。在目标明确后，选择一种方式执行到底，效率才会高。如果不停地换方案，则会耽误很多时间。

这个寓言故事有很多种解读方式，具体要看你选择哪个视角。

## 4.2.2　多读故事，探索多样人生

多看故事，你会更珍惜自己的生活。读书这件事，越读越会发现，世界上精彩的灵魂太多了，我们可以在书中与他们相遇、碰撞，这是一种幸运。很多时候我们听到或看到的只是一个故事，但故事的创作者可能用尽一生才把这个故事写出来。

尼克·胡哲，是一个生下来就没有双手和双脚的人。他小时候因为身体残疾，饱受嘲笑和欺负。

10岁时，他曾经试图在浴缸中溺死自己，但没能成功。

11岁时，他和弟弟说，自己会在21岁时自杀，因为害怕没有人嫁给他，也无法承受21岁之后的痛苦人生……

但他多年来疯狂阅读，在21岁获得双学士学位，并投资创

建公司，随后出版多部著作，成为知名演说家，在全世界巡回演讲，并在 30 岁结婚。

生于 1982 年的他，是个"80 后"，了解他的经历，能给我们很多启发。

海伦·凯勒，不到 2 岁就因病失去视觉和听觉，7 岁才开始向安妮·莎莉文学习美式手语，24 岁成为第一位获得文学学士学位的聋盲人，后又成为作家、教育家、社会活动家。她的事迹激励了无数人。

为什么尼克·胡哲、海伦·凯勒能这么厉害？他们到底厉害在哪里？阅读他们的自传，观看介绍他们的影视资料，我们会发现人生是无限的，无论多艰难的开场，都拥有无限的可能。

有一个人生活在快节奏的现代社会，有一天他突发奇想想放松一下，便去了一个部落。

这个部落里的人和城市里的人一样，大家都喜欢聚在一起。不一样的是，他们聚在一起不说话。平时人们聚在一起往往会聊天，但他们聚在一起可以三四个小时不说话，就坐在火堆前，吃野果或做自己的事情。

这个人刚到部落时十分不适应，过了一段时间才习惯。他发现自己在沉默中的收获比平时和朋友聊天的收获更多，他感觉这才是生活。回到快节奏的城市之后，他也经常让自己处于这种沉默的状态。

很多人常常怀念从前的慢状态。以前，似乎什么都是慢悠悠的。没有飞机，没有火车，也没有汽车，从一个地方到另一个地方，只能依靠双腿或马车，慢慢走。大家一起相伴出行，一边走一边聊天，总有很多话说，感情也很不错。

现在的生活节奏快了很多。坐上高铁或飞机，以前一天的路程，现在一小时就能到达。而且在出行路上，大家都盯着手机，想着自己的事情，不再像以前一样亲热地聊天。

我们的效率确实高了许多，但我们感受生活的能力是否在同步提高呢？慢生活是不是代表着一种生活能力？快生活是不是代表着在追求幸福的生活？

每个人心中都有自己的答案。

### 4.2.3　多读故事，深刻理解生活

我对人类学这一学科非常感兴趣，不同种族、不同国家的习俗千差万别。所有好的民族文化、传统习俗如果都能保留下来，那么它们将会成为文化的瑰宝。

如果深入了解更多的文化差异，你就会发现，自己习以为常的事情在其他人看来也许就是超出其认知范围的事情。

比如，澳大利亚政府曾经针对原住民实施种族同化政策。

1910—1970 年，澳大利亚政府强行将近 10 万名原住民儿童寄养在白人家庭或专门的机构，切断他们与原生家庭的语言和文化联系，甚至销毁他们与父母的信息。他们中的大多数人无法再找回自己的家，因此他们又被称为"被偷走的一代"。1973 年，澳大利亚政府才废止这一政策。直到 2008 年，那些人才等来政府的道歉。

有一些故事，讲的是我们日常生活中的事，没听说过也没什么影响，知道了则会感觉我们的生活来得并不那么容易，会让我们对生活产生更多的感恩之情。

2 月 14 日的情人节是我们非常熟悉的浪漫节日，但它真的是为了纪念一对有情人吗？其实它的英文名直译过来叫作圣瓦伦丁节，是为了纪念一位神父。

相传，罗马帝国的皇帝为了让战士们毫无牵挂地上战场，宣布废弃所有婚姻承诺。一位叫瓦伦丁的神父认为，这么做是不对的，便没有遵照这个旨意。有人找他证婚，他还是一如既往地为相爱的人举行教堂婚礼。当地官员知道以后，认为他违反了法令，下令将他处死。

他去世的日子是 2 月 14 日，后来人们便在这一天纪念为有情人牺牲的神父。

还有《辛德勒的名单》（既有小说也有电影），讲述的是一位身在波兰的德国人奥斯卡·辛德勒，在二战时雇用了 1100 多名犹太人在自己的工厂工作。他以一己之力，帮助这些犹太人躲过了被屠杀的命运。

《辛德勒的名单》这部电影的时长为 3 个多小时，我至今仍记得自己看完后觉得那一天特别长，就像过了很多人的一生。

上述这些故事可以给我们带来除现实生活外更高层级的认知。知道事情 A 和事情 B 之间有着紧密的联系，我们的思维会更发散，虽然我们依然在做很普通的工作，但认知维度也是完全不同的。

就像经典故事中所说的，3 个工人做着同样的工作——砌墙盖房子。第一个人说自己在砌墙盖房子，第二个人说自己在盖一栋高楼大厦，第三个人说自己在修建一栋伟大的建筑。多年后，第一个人还在砌墙，第二个人成为工程师，第三个人成为他们的老板。

3 种不同的表达，是 3 种不同的认知，造就 3 种完全不同的结果。

在生活中，你既可以像孩子一样去看世界，发现美好和乐趣，也可以运用成年人的理性深刻理解生活，解决现实中的问题。

一天，爸爸带孩子去散步。孩子一边走一边对爸爸说："爸爸，爸爸，那里有一只狗""天上有一架飞机""看那儿，是一朵花"……

在孩子的眼中，生活中的一切都是真实而具体存在的，都是新鲜而美好的事物，他们能从中寻找到不一样的快乐。

成年人的注意力则像一束光，指向某一个特定的问题，这个特定的问题甚至可能是抽象的，而且往往抽象的问题比真实、具体的问题更多。有时，我们会想解决一些尚不存在的问题或者一些存在但不具有实际意义的问题。这些问题解决与否对我们的生活都没有太大的影响，但我们就是会任由这些问题在脑海中盘旋，从而忽略生活中其他真实的存在。

如果我们把注意力放到解决现实生活中的问题上，就会发现，自己像孩子一样，能感受到生活中的很多美好时刻。当然，我们不会真的像孩子一样，花半天时间蹲在地上看蚂蚁搬家，但可以像孩子一样保持好奇心和热情，发现生活中的乐趣。

### 4.2.4　多读故事，引导未来方向

我们可以站在未来的时间点往回看，从当下到那个时间点就都是回忆，这就是引导未来方向。也就是说，你正在做的事情，只是面向未来的一个小步骤。

这并不意味着不需要关注现在，你现在所做的是过程，要学会享受过程，不需要等到有结果后才享受。结果只是动作发生的必然结果，动作到位，结果必来。

对于很多事情，我们要的不是可能性，而是 100% 的确定性。为了保证这种确定性，必须有明确的截止时间，在截止时间来临前付出足够多的努力，保证事情一定会发生。

比如，在我设置的"记账"体系里，可以记到 100 岁，甚至更长时间，基本不设限制。为什么要设置这么久？因为一个人创造财富的时间可能是无限的。

福布斯从 2001 年开始追踪"墓地收入"，发布"年收入最

高的已故名人榜"。

在 2022 年发布的榜单中，排名第一的是长篇小说《指环王》的作者约翰·罗纳德·瑞尔·托尔金，1973 年去世，2022 年年收入为 5 亿美元；第二名是科比·布莱恩特，2020 年去世，2022 年年收入为 4 亿美元；第三名是大卫·鲍伊，2016 年去世，2022 年年收入为 2.5 亿美元；第四名是猫王埃尔维斯·普雷斯利，1977 年去世，2022 年年收入为 1.1 亿美元，而且 20 多年间他从未掉出过这一榜单，截至 2022 年底，去世后收入总额高达 10.34 亿美元。

该榜单前 10 名中还有美国灵魂乐歌手詹姆斯·布朗、迈克尔·杰克逊、《哈利路亚》的词曲作者莱昂纳德·科恩、儿童文学作家苏斯博士、摇滚乐队 ToTo 的鼓手杰夫·波卡罗和《花生漫画》的作者查尔斯·舒尔茨。他们大多用自己的作品影响了很多人，去世之后，人们也愿意为他们生前的作品买单。可以预见，他们的作品还将继续影响一代又一代的人。

死亡不是终点，遗忘才是。换句话说，如果你创作了一部作品，能够影响很多人，也许在你去世之后，还能获得收入。这也是历史上曾经发生过、现实中也正在发生的事情。

如果你想到一件事，不知道其是否可能发生，就看看历史上是否已经发生过这件事，或者多方打听当下是否正在发生这件事。

　　记账的时候，设定自己的收入目标，即使生前做不到，去世之后也是有可能做到的。时间复利的力量很大，能带来的价值也很高。我们不要只关注眼前的柴、米、油、盐，还要关注更高级别的生活和精神状态。

　　故事看得越多，对你思考自己想要什么样的生活的启发越大。这一切来自哪里？来自阅读。阅读可以让你的生活发生天翻地覆的变化。

## 4.3　确定性赋予的力量

### 4.3.1　什么是确定性

什么是确定性？《与神对话》一书中提及：大师的行为是可预测的。一个人在一个领域深耕到一定程度，成为专业人士之后，他在这个领域所做的事情是可预测的。就像一个能力出众、信誉良好的人答应做一件事，他就一定会做到。

比如，预告了直播，每次都准时出现在直播间，这是一种确定性；观众在预约的时间看直播，这也是一种确定性。

早餐店每天早早地开门，大家都知道只要一早到店里就能买到早餐，这是一种确定性。如果一家早餐店，今天开门，明天不开门，后天也不知道开不开……大家不知道自己到店里能不能买到早餐，几次之后，就不会再来这里了。大家会去找一个持续营业、确定营业的早餐店，以确定自己能买到早餐。

大脑喜欢稳定。对于每天的日常行为，最好大部分不要变，这是大脑最喜欢的。如果稍微变得频繁一点，大脑可能会有点不适应。不过有变化，也往往是一个人成长、进步的表现。

**确定性，也意味着刚开始做一件事情，就预定了它的结果。**

比如，人们常说"未来是美好的"，如果你对"未来是美好的"这句话非常确定，那么自然会对生活充满期待，未来就是美好的。

又如，在语写中，不管我看不看作业，有些学员一定会语写一万字，这就是确定性。

确定性越高，行为越稳定，进步越明显。我们不是在彷徨中徘徊，而是在确定中前进。

一个人做一件事、做一份工作，要的就是确定性。任何人在一家公司工作，都不希望公司这个月发工资、下个月不知道发多少工资、下下个月不知道还发不发工资。否则，员工们很难专注于工作。

## 4.3.2　确定性的价值

我们有时需要让自己的生活变得稳定一些。进入稳定状态后，我们也要记住一句话：人的行为是随机的。不管一个人行为的确定性有多高，一定会有不确定性存在。

每天做一件事，如果行为是确定的，持续足够长的时间，就是在做一个非常有价值的项目。如果行为是不确定的，做的就不是非常确定的项目。在行为确定的情况下，所得到的结果也是确定的。

为了锻炼自己的能力，我们可以进行训练并保证短期的确定性，但是保证长期的确定性和保证短期的确定性所需要的能力不一样。一件事持续做 10 年和做 1 年、3 年，是完全不同的概念。10 年间，多多少少会有不可控的情况发生。

历史上也有人把一件事连续做 30 年，如阿西莫夫、金庸连续 30 年供稿，他们还会有一些囤稿，以备不时之需。

如果严格要求每天做同一件事，则确定性会降低。举个简单的例子：每天定时给自己拍一张照片，拍 10 年、20 年、50 年，这个项目一定非常值钱，并且已经有人做到了。印度尼西亚的一个青年用 5 年时间拍了 1000 多张照片，卖出了几百万元。

如果你觉得自己拍的照片不值钱，那么一个名人过去10 年、20 年、50 年每天都拍一张照片，现在会不会值钱？换句话说，你现在开始拍照，以后成名了，你的作品会值钱，住过的房子会值钱，用过的物品会值钱，拍的照片也会值钱……值钱的不是拍照这个行为，而是你本身。因为你值钱，所以你所做的事情也会值钱。一个人成名之后，他所做的任何一件事都可能值钱。如果你还是觉得拍照不值钱，那么就每天阅读、写作、出作品，等你出名了，你的作品一定值钱。

很多事情"在做"和"确定地做"，以及"做到一定程度"，都是有价值的。以前进行语写训练时，把自己的语写初稿定价为 2000 多万元。定价是为了引起自己对语写训练的重视，让自己认真训练，从而让作品值这个价。

如果我觉得自己的作品不值这个价，那么会继续努力训练。如果觉得自己的作品值这个价，那么低于这个价，则可以不卖，甚至可以一辈子不卖。还有一些语写视频，记录的是当年在一个走廊语写的情况，我在那里语写了几百万字。这些视频很珍贵，如果哪天卖出这些视频的版权，定价也是几千万元。这些视频都属于"有生之年值得"系列，是生活的作品。如果碰到有缘人，出价很高，这些视频便可以作为作品出售。

这些记录本身就有价值，非常珍贵。很多人在成长过程中不太注重记录，再回溯时，已经无法获得当时的确切信息，只能靠记忆。但记忆有时不太靠谱。

现在还有人专门研究孔子的身世，考究鲁迅一个月赚多少钱，分析曾国藩的经济状况⋯⋯未来，只要你做成一件事，一定有人来研究。如果一个人取得了成果，但记录不多，留下的文字和数据都很少，后人需要花很多时间和精力寻找资料去研究他，甚至有的研究会穷尽一个人的一生。如果自己把记录做好了，研究素材足够多，研究者就可以省下时间和精力做更多的研究。

柳比歇夫做了 56 年的记录，他每天做了什么都记载得一清二楚。翔实的数据支撑，让他在回忆中写自己的人生时，有了很多便利之处。

总结一下，值钱的事情有两种。

一是事情本身。比如，每天语写一万字、每天拍一张照片、每天记账、每天做时间记录、每天阅读，这些行为如果每天都在持续做，就会很值钱。

二是做事的人很值钱，他做的事也值钱。就像柳比歇夫、阿西莫夫、康德……他们的作品都很值钱。

### 4.3.3    面向未来的确定性

确定性是什么？确定性是对未来的一种笃定。

做一件事，有可能产生价值（或者说赚到），也有可能产生亏损。比如，买一款产品，买下的价格既可能高了，也可能低了。关键不在于产品本身的价格高低，而是买下以后，产品的价格就确定了，其价值则看买下来之后怎么使用。

比如，热门的电子产品在刚刚上市时供货量不足，从官方渠道不一定买得到。找其他渠道购买，价格可能高于官方价格。比如，官方价格是 1 万元，而从其他渠道买到的价格是 1.2 万元，甚至是 1.4 万元。过了一段时间，市场供货量变大，官方价格不变，其他渠道的价格则可能会下降。官方价格具有确定性，其他渠道的价格则具有不确定性。这种不确定性，是在供货量的不确定性基础之上产生的。

对于买家来说，不确定的是价格，确定的是早点买到产品可以早点使用。有时产品供货量紧张，最先拿到的人可以享受一波红利，如做自媒体测评等。以前有人专门做手机测评，新手机上市，他会以高于市场价两三千元的价格购买，然后将测评视频发到自媒体平台上获取流量。当然，等他的事业逐渐做大之后，他基本上就不需要买手机了。

在专业领域成为"大 V"，并且取得一定成果，即使是再小的细分领域，也能够享受到一些资源。因为领域本身就带有确定性，这种确定性会带来一些确定性的成果。

阅读也一样。有人和我讨论过阅读的确定性，他算了一笔账：现在买一本书大约需要 40 元，买 1000 本书就需要 4 万元，买一万本书就要 40 万元，看起来书很贵。

但是，如果你真的读到了一万本书，不用花 40 万元，4 万元可能就足够了。从现在开始，写收获、写书评，发到各个自媒体平台，如公众号、视频号、小红书……读了 1000 本书，再有新书，便可能会有人把书寄给你。如果你深耕某一个领域，读足够多相关的书，以后就不用买这个领域相关的书了，新书一出版，别人就会寄给你。不过，过去的书、经典好书，依然需要自己不断地去寻找。

事情都是一体两面的。这么做既有好处，也有不那么好的地方。好处是不用买什么书；不那么好的地方是，新书不一定都是非常值得读的书，拿了别人的书，就要花时间、精力去读，还要做出一些点评。

实在没钱买书，还有一个办法，那就是去公共图书馆读书，那里有足够多的书。对于爱书之人来说，总有办法可以读到书。

在任何领域做到专业级别，都可以获得一些资源的支持。专业人士的专业性很高，对确定性的要求也很高。很多专业人士，特别喜欢用确定的物品或工具。比如，有些作家喜欢用特定的本子和笔，有的摄影师特别喜欢用特定品牌的相机……因为这些工具给他们的感觉是确定性的，只要使用，就能保证成果。

有时买一个东西，看起来是亏的，但是只要是确定的，就会赋予你一种力量：从此不用想它带来的成果和影响是什么了，你只要专注地做事，专注于成长，就可以了。

有过"种草""拔草"经历的人，可能会有一种感觉："种草"一个物品，心里痒痒，特别想买，不买就感觉全身不舒服。其实他们心里也清楚，有些物品并不是非买不可，可就是想买，可能是电子产品，可能是一支口红，可能是一个洋娃娃，可能是盲盒……买之前坐立不安，"拔草"后，一下子就解压了。还有一种情况，就是注意力完全转移，完全不记得还有这回事。

有小伙伴说，语写、时间记录、阅读、人生规划、记账这些服务，就属于不买但总觉得想要的。我买书时也有这样的感觉，如果不买，会一直想。有时为了提高自己的时间效率和专注程度，有些东西是一定要买的。所以我给自己定了一个买书预算，只要不超过这个预算范围就直接下单，不考虑优惠、满减之类的，以节省一部分精力。

在一件事上，给自己设定上限或下限，只要不超过上限、不低于下限，就直接去做。定下规则，遵守执行，也是一种确定性。

# 4.4　是做加法还是做减法

是做加法，还是做减法？这是生活中常常需要做出的选择。

有的人想做的事情有很多，一两件事正在做，三四件事在排队中，还有五六件事在规划中。怎么办？这是在做加法。

有的人正在做一些事情，可能碰到了问题，时间不够，忙不过来，于是想哪些事情可以不去做。这是在做减法。

你是哪一类人呢？你是做加法的时候比较多，还是做减法的时候比较多呢？

接下来分别说说做加法、做减法对生活产生的影响。

第 4 章　生活为源—— 主动选择幸福，积极创造美好　239

## 4.4.1　如何做加法

之所以做加法，大概是因为一个人终于不想"躺平"了，想多做一些事情，但事情一多起来，时间就不够用了。所以，我们在做加法时要考虑这件事能不能以提高效率为导向。

比如，已经在做 5 件事，有些忙不过来，偏偏第 6 件事也要来了。如果去做第 6 件事，就感觉自己一定会忙不过来。真的忙不过来吗？其实不一定，如果第 6 件事需要的是一个综合性技能，能够消除前面 5 件事的时间因素的影响，那就是能做的。

举个例子，骑电动车是一项技能。有的人不太会骑电动车，学的话要花时间。那要不要学呢？其实学会这项技能，表面上是在做加法，实际上是在做减法。一般比较短的通勤距离，开车或打车不太方便，尤其是在上下班高峰期堵车时会更耽误时间。如果会骑电动车，那么可控性便会得到提高，因为除特殊情况外，骑行路线清晰、时间预期准确。

一般来说，学会骑电动车，一个人的活动范围可以扩大 3 倍以上。比如，原来做一件事，行动半径为 1 千米，稍远一点就要选择其他交通工具，这会导致处理事情的效率下降。骑电动车，行动半径可以扩大到 3~5 千米，原来有些因距离而不便去做的事情，现在很快就可以完成，效率大大提高。这就相当于多了一项技能，扩展了生活中各个方面的维度。

多做一些事，或者多学习一项技能，可以让生活变得更有条理。

阅读就是这样的技能。阅读能极大地拓展人的知识面，改变人的思维方式，提高人的处事能力。长期不读书的人，很容易陷入生活琐事中，思维局限在细节里。长期阅读，能够使人在面对问题或处理事情时，站在更高的维度思考。

每天阅读，给思维做加法，即使书中的内容和日常生活中遇到的实际问题并没有任何关系，但在处理事情时也会觉得更加容易。书里的思维方式在潜移默化地帮我们解决实际问题。

换句话说，做加法就是把迷茫、无聊、不知道该做什么的时间，全部用于做有价值的事情，这样能提高整体效率、扩宽思考维度。这也意味着，我们的能力提高了、心智成熟了。

不管多忙，都要好好保护阅读时间。

有人说，自己很忙，没时间阅读。然而，大多数人不存在没时间阅读这种情况。迪士尼 CEO 罗伯特·艾格在《一生的旅程》一书中写道："直到今天，我仍然几乎每天都会在清晨 4 点

15 分起床，但我现在这样做是有私心的——这样我就能在白天的工作袭来之前腾出时间思考、阅读和锻炼了。"罗伯特·艾格那么忙，每天还会早起阅读，我们也应该重视阅读。

如果总说自己没时间阅读，其实是在自己限制自己。有时限制我们的是脑海中的执念，我们一定要打破这些执念。

在进行语写训练时，也有人说自己写不出一万字。我认为，这是不可能的。刚开始训练时可能达不成，但只要打破"写不出一万字"的执念，把"没东西可写"的念头从脑海中驱逐出去，就能写一万字。只要释放自己的头脑，就一定有话可说，一定有内容可写。稍微训练一下，就可以"滔滔不绝"。

阅读和写作都是做加法，这两种加法能让人变得更有效率。阅读和写作的加法不会影响其他事情，反而能有效地对不必要的事情做减法处理。

因为要阅读，所以没空刷短视频；因为语写字数越来越多，所以会思考此生最重要的事是什么，注意力会聚焦到最想去做的事、最希望达成的成果，以及最想取得的突破口上，而不是放在生活琐事上。在日常生活中，我们固然要花时间思考吃什么、喝什么，但这不是生活的全部，而是生活的一部分。除此之外，我们还要花时间思考更高维度的目标，让未来的生活变得更好。

生活除了柴、米、油、盐，还有文学、哲学、历史、数学……有些能引发你的思考，有些是你的兴趣爱好。我曾经遇到过一个人，他的兴趣爱好是做数学题，睡一觉醒来就做题。我是文科生，一开始不能理解他的行为。后来渐渐发现，如果一个人擅长一件事，则会在其擅长的事情上花更多的时间。他一觉睡醒后，做其他事情效率都不高，于是随手翻开数学题开始做，人一下子就精神了，渐渐地，这就成了习惯。

对于类似的情况，我一般会翻开一本文学书，或者打开一本新书的目录，开始阅读。

如果你有时间，可以去当地的图书馆或书店做这件事：浏览书架上的书，只看书名，不看内容。有的小伙伴做了这件事，有很多收获。甚至有人发现了十几个不同版本的《人类群星闪耀时》，这是斯蒂芬·茨威格的经典作品。

遇到一本书有多个版本时，你可以选择自己喜欢的版本，或者挑选一个经典版本。比如，叔本华的书，出版社、出版年份都不重要，重点看译者，如果译者是韦启昌，一般会比较受欢迎。韦启昌在第一次买到叔本华的书时，对其中的内容感到

"惊艳"，于是自学德语，翻译叔本华的作品。

有人说去了图书馆，才发现世界上原来有这么多书。针对一些想过但没有答案的问题，早就有人已经写成书，并说清楚这是怎么一回事、该怎么做。图书馆里的书展现着世界的精彩，也能引发人们的思考。

阅读，既是在思维上做加法，也是在思维上做减法。学到新知识，是做加法；去除旧观念，是做减法。你可能会从书中学到一种新方法，从而多了一种解决问题的方式。你也可能读完一本书，发现自己一直坚持的事情是错的，原因是你并不知道可以这么做。阅读有助于我们把值得坚持的事情坚持得更久，让长期更长。

## 4.4.2　如何做减法

我曾经和一个朋友聊天，跟他说："最好以后在电梯里不要讲话。"当时，他对这句话并不上心。后来经过一再强调，他才慢慢重视起来。

提醒他这一点的原因有两个。

一是在电梯里说话，可能会打断别人的思绪，影响别人。

电梯是公众场合，保持安静、不打断别人的思绪是一种礼貌。

二是他所做的事情，有一些需要保密。

尽管相互之间并不认识，但在公众场合聊天提到相关的内容，还是不太合适。一定要聊天的话，在外面很多场合都可以，随便聊什么都可以，不差乘电梯的这点时间。

我是怎么注意到这点的呢？这也是从书中学到的。一本书中介绍了 30 秒电梯法则，讲做生意时如何用 30 秒做自我介绍，吸引客户。书中还说，好的修养是尽量不打扰他人，在陌生场合尽量小声说话，在电梯里尽量不说话，开关门时尽量控制门所发出的声音……

你可能会从书里看到与你的认知截然相反的观念，接受一种新观念就是做了加法，去除一种旧观念就是做了减法。学会新技能，看起来是多了一项技能、做了加法，但提高效率的加法是值得做的。

做减法，包括去除旧观念、定期折旧、断舍离。

生活中可能有一些物品，至少 5 年没有碰过，或者可以肯定余生都用不到。就像我特别喜欢买笔，如果知道一种笔很好用，就会去买很多支，以至于有些笔过了 10 年还没被用到。不管用不用，这些笔都不会过期，但可以肯定有一些笔余生都不会再用。如果没有设置淘汰机制，这些笔将会一直存在，并一直占用空间。做到定期断舍离，就是在做减法。

我会定期更换电脑和手机，哪怕不坏也会换掉。这也是在做减法。原因是如果不换掉，它们会在不知不觉中影响效率。有时电脑变慢了，可能没什么感觉，就像我们每时每刻都在变老，但并不会每时每刻都能感觉到自己变老了。即便心态依然保持年轻，但生理上的变老是不可避免的。

什么东西适合做减法呢？无用的东西。这里的"无用"，既包括了物质的，也包括非物质的，既包括长期的，也包括短期的。有些事，短期内花时间去做感觉很值得，但长期来看不会有增量，就可以适当做减法。

**要尽量做长期有用的事，练习长期有用的技能。**不管是不是赚钱都愿意学习的技能，说明是真正"硬核"的技能。因此，我们在年轻的时候，应该花 3~5 年学习一项一辈子都用得上的技能，并且深入耕耘、不断积累。

最好能把那些不产生真正积累、短期有用，但长期不产生增值的事情，全部做减法。这样，你会突然多出一大笔时间，生命因此更加精彩。

这就像准备了一笔钱去买东西，将购物车塞满后却不打算买了，钱没有花出去。当手头有一大笔钱时，通常会思考以更好的方式把这笔钱花掉。同理，如果不把时间花在没用的地方，时间资产就还在自己手中，这时你就会思考余生要做什么事，这些事短期内可能不会带来任何现金回报，却是你内心真正热爱的，会产生长期收益。对于热爱的事情，你可以做得很多、做得很久，甚至它伴随你的一生。比如，创造自己的作品，作品可以包括文章、歌曲、画作等，也可以包括你所创立的企业或机构。

实际上，创造作品并没有想象中那么难。写文章或写一本书，方法很简单，就是不断地去写，直到完成自己的作品。这个周期可能很漫长，但的确是一种积累。只要有目标地去创造自己的作品，就一定能做到。古人几千年前写下的文字，现在还有一定的价值，还在流传，这是因为许多大师都是经过大量基本功的刻意练习之后，到中年甚至晚年才创造出优秀的作品。

极少数天才般的人物能够在非常年轻的时候取得成果。大部分人都要持续积累，在积累到一定程度后才能实现突破。然而，积累需要大量时间，所以人们在 40 岁之后取得成果的可能性要大很多。

贝多芬进入创作成熟期，是在 35 岁《第三（英雄）交响曲》首演之后，这时他的听力已经严重衰退。完全丧失听力之后，他仍在 54 岁时创作了自己最伟大的作品《第九交响曲》。

歌德创作《浮士德》一书，构思和写作几乎贯穿了他的一生，他从大约 20 岁时开始构思，一直写到临终前，持续了 60 多年。

康德酝酿 11 年，到 57 岁时才出版《纯粹理性批判》一书，64 岁时出版《实践理性批判》一书，66 岁时出版《批判力批判》一书。这 3 部著作的出版代表着批判哲学体系的诞生，前后大约花费了 20 年的时间。

王阳明 37 岁时在龙场开悟成道，之后开始讲学，传播心学理论和方法。47 岁以后，他的影响力逐渐增强，有了许多弟子，并且著书立说，沉淀许久的成果慢慢呈现出来。

**好好留住生活中值得留住的东西，对其做加法，积累时间的复利，而其他的事情则可以对其做减法。**

# 4.5　你所坚持的最重要的事情是什么

## 4.5.1　什么是最重要的事情

**最重要的事情不多，关键看你所坚持的是什么。**

对于你所坚持的事情，不管是什么，一定有人不理解，但也一定会有人支持。有人喜欢看书，有人喜欢写作，有人喜欢跑步，有人喜欢打篮球……每个人都有自己的喜好，有的事情在他人看来是傻乎乎的喜欢和坚持，却是自己心底的热爱。

比如，语写，一天写一万字，在语写圈子里，大家都能理解，但出了这个圈子，许多人都无法理解，会问"为什么要这么做"。你可以回答，纯粹是因为开心。

生活中，你坚持在做的最重要的事情是什么？哪些最重要的事情，你始终没有做呢？有些重要的事情，不管做了还是没做，一直存在于你的生命中。

对你来说，生命中最重要的事情到底是什么呢？这个问题，没有标准答案。每个人的答案不同，并且可能会随着生命阶段不同而发生变化。

在人生旅程中，要坚持一两件重要的事，重点不在于达成什么目的，甚至最好没有目的，纯粹只是坚持。原因在于，这些最重要的事情，能让生活有主线、有掌控感。每天在固定的时间做固定的事情，能做到这一点的人的成长空间非常大。

有人说，最重要的事情就是开心。那么，**应如何变得开心呢？答案是要做具体的事情。**做具体的事情，要有明确的截止时间和具体的行动。比如，阅读便是一件非常具体、可做的事。

## 4.5.2　最重要的事情有什么特征

重要的事情有 3 个关键点。

一是，重要的事情不会因为你忽视它而变得不重要。

二是，重要的事情一直存在，直到你真正做了。而它是否真的重要，需要在你真正做了之后才能知道。

三是，重要的事情是一种客观存在，不以人的意志为转移。

把你认为的最重要的事情找出来。

**最重要的事情，一定会清晰、明确地出现在生活中。**

如果钱不够用，挣钱就是最重要的事情。如果时间不够，提高效率就是最重要的事情。

如果想解决一个问题，在没有解决之前，这个问题就是最重要的事情，它不会因为你的忽略而消失。比如，不会因为你不读书，阅读就变得不重要，除非你永远用不到书中的知识。最重要的事情不会因为你重视或不重视，就变得重要或不重要，它的重要性一直客观存在。

如果要把自己的想法落地执行，但只是想要实现，而不是一定要实现，那么这个想法在你的生活中就不够重要。比如，有的练习语写的学员一开始每天写不到一万字，但他一旦下定决心一定要每天写一万字作为训练目标，他便会去找解决方案。如果写不写都无所谓，他就会忽略语写所产生的价值，这种价值需要在他付出努力之后才能产生。当你确定要把一件事情做很久，它所带来的收获和体验会超出你的想象。

很多人会问：语写到底是什么？语写，是一种工具，用来提升写作效率；语写，是一种生活方式，用来记录生命的痕迹；语写，是一种思维，能够全面激发个人的内在潜力；语写，是一个通道，能表达自我、连接他人，也能走向内在，和自己沟通；语写，是一种习惯，不管在什么时候，都可以选择语写来打发时间。语写可以让人把头脑中无形无影的想法变成实实在在的文字，变成一种客观存在。

再以阅读为例，我为阅读服务专门做了一个工具，它能帮人养成阅读习惯。养成阅读习惯，让人不是"感觉读书"，而是真的读，有了行动，做了记录，有数据来证明。

用工具来做记录，会比依靠记忆力好很多。我们很难想起 7 年前的今天做过什么，除非那一天发生了让你难以忘记的事情。如果用时间统计 App 进行清晰、客观的记录，你就会知道那一天什么时间起床、什么时间睡觉、去了哪里、和谁吃饭、做了哪些工作、晚上在家做了些什么……

很多人都觉得自己是喜欢读书的人，但是只要统计一下数据，就能看到现实和认知之间的差距。读书的人有一个优势，那就是不管在什么时候，自己的内心都有安放之处，并且不断地学习、成长。有时读一本书，可能读了一半了也还是觉得没看懂，但把这本书读完的一瞬间，突然就能把全书串联起来。

这本书的整体框架、一开始没看懂的部分，好像瞬间都打通了，也能和自己已有的知识体系联系起来。尽管不是每本书都能给人这种通透的感觉，但只要阅读得足够多，就一定会有所收获。

我喜欢阅读哲学书。有人觉得哲学书在生活中用不上，事实上，看完哲学书之后，你便可以在生活中感受到哲学的存在。它不需要你准备一个实验室，做实验证实它的存在。哲学就存在于生活里，并且可以被实实在在地应用在生活里。

### 4.5.3　做生活中最重要的事情

生活中，如果你觉得一件事情很重要，最好能利用"自动反应"，也就是提前设置行动程序，在某个场景下，不需要思考便自动开始行动。

比如，洗碗，如果不得不做，但确实不想做，就利用"自动反应"，吃完饭，放下筷子，马上去洗碗。

又如，语写，如果不管这一天有多少事情要做，一定要语写一万字，那么就设定"自动反应"：7点打开"语写App"开始写，不到一小时就能完成。最好不要想"是写还是不写"，直接进行语写训练的进步速度最快。一旦纠结"是写还是不写"，那一分钟就浪费了。不需要和自己商量做不做，直接做即可，把语写当作一个行动。在语写过程中的收获和体验，比你在脑海中想象的收获和体验多得多。

做其他事情也是如此，直接做一件事的收获和体验，比一直想"要不要做"的收获和体验要多得多。

判断行动力强不强，最好的方法是看"想"和"做"之间的时间差，也就是想到要做一件事情和开始行动之间的时间差是多少。时间差越小，表明人的行动力越强。成年人要做一件事情，不要看怎么想，就看过去已经做了什么。想成长，不代表真的成长了。只有一直在做与成长相关的事情，列出客观数据，才能证明你真的在成长。

以阅读为例，大部分人都知道阅读的重要性，但坚持每天阅读的人依然是少数。

如果很长一段时间没有阅读，就反思一下：阅读不重要吗？真的完全没有时间阅读吗？是否能早上阅读 5 分钟、中午阅读 5 分钟、晚上阅读 5 分钟，或者每天用 1% 的时间来阅读？足够重视，就一定有时间。相信自己能做到，就一定能做到。

每个人在不同的阶段，看同一类书会有不同的收获。有的书要早点看，有的书可以等一等再看。年轻的时候，技巧类、行动类书籍，读得越多越好，因为这些书会直接告诉你应该怎么做；年龄稍大一点之后，你便可以读理论类书籍。有些书可能需要在有一定阅历后才能看得懂。

查理·芒格说："我认识的所有聪明人，没有不读书的。"有时，以你的认知水平或思维境界，和"牛人"聊天，虽然也能有所收获，但是不够系统化。书则能够让你连接古今中外、上下五千年。还有一些纯理论的知识，聊天不一定能说得清，但书中有系统性的阐述。遇到问题时，解决方案也可以从书中找，因为你的问题过去很可能有人遇到并解决过，且记录了下来。

语写是进行自我表达的一种方式，不管你脑海中的思想有没有价值，都不做任何评判和干扰，而是直接呈现出来。过一段时间，等脑海中的思想都清空了，再去吸收书本里的知识，随手翻开一本书都会很有收获。

如果感觉脑袋里一团乱麻，那么文笔再好，也无法厘清思路。就好像在一个乱成一团的房间里，放一个新物品进去，它还是乱七八糟的，不会有任何改善。先进行语写训练，把思路写清楚，就像把房间整理好；接下来阅读，就是在大脑这个房间里摆放新物品，都是整整齐齐的，思路非常清晰。

　　有时，可能打开一本书，怎么都读不进，那就去语写，把自己的思路理顺：刚刚在想什么，接下来要做什么……如果能用语写说明清楚，那么在生活中的行动也不会有太大的问题。

# 4.6 选择幸福

## 4.6.1 你选择幸福了吗

幸福是可以选择的。

今天，你幸福吗？你是否选择了幸福？

今天你做了什么事？这些事情是一种习惯，还是你的主动选择？

时常回顾一下自己所做的事情，是习惯成自然，还是主动选择。这两者的状态是不一样的。**主动选择，是面对生活的一种方式。我们可以积极、主动地选择自己想要的生活，包括幸福。**

在日常生活中，你是自动进入幸福状态，还是有选择地进入幸福状态？任何事情都是一体两面的，一件事情的发生，可能是好事，也可能不尽如人意。无论事情好不好，你都可以主动选择幸福的那一面：困难和问题是引导我们迈向更高阶的方式，它不是挫折和失败，是为了让我们变得更加幸福、拥有更多迎接挑战的能力、掌握应对未来的本领。

既然可以主动选择，我们就要带着觉察力，有意识地去做事。这和习惯性地做一件事情有很大的差别。选择意味着带有主观能动性，可以控制自己的想法。

幸福是可以选择的。有意识地控制自己的注意力，专注于积极创造和产出结果上，拥抱幸福，是积极、主动地感受幸福的方法。

比如，恋爱、结婚。一个人的时候感觉很幸福，从一个人到两个人，从两个人到三个人，从"我"到"我们"，幸福指数是增加的。有人说，两个人在一起的自由度没有一个人那么高。的确，两个人要沟通、要协调，但这也意味着另一种自由，就像俗话说的"男女搭配，干活不累"。有时一件事，一个人做不了，自由度不高，但两个人配合就能做，从这个角度来讲，两个人一起把事情做成的自由度更高。尽管两个人在一起，各自要牺牲一些空间、自由，但获得了爱情的自由，以及更高维度的生命自由，这也是一种选择。

拥抱未来的时候，应更多看向好的一面，而不是不好的一面。

有一本书的名字叫《选择幸福》，作者是泰勒·本－沙哈尔。书中说：人生的幸福与快乐在于我们做出的各种大大小小的选择，每个选择都会决定我们的生活品质。通过选择，我们可以创造自己想要的生活。这要求我们把"有意识地生活"作为一种常态。

该书有一章写的是玩游戏。对孩子来说，玩游戏是让他感到幸福的方式。作者看完一本书，发现游戏对人的成长起到了关键作用。他打电话和朋友说："孩子玩游戏的时间不够，应该让他多玩一会儿。"朋友问："那你呢？"这个问题引发了作者的思考：自己玩游戏的时间也远远不够，而孩子玩游戏的时间不够也是他的原因。

成年人玩游戏的时间够不够呢？其实每个人都需要玩游戏，它能促进人的身心健康、增强人的创造力。这里的游戏并非特指玩电子游戏，而是一种玩游戏的心态。把玩游戏的心态融入生活，哼个歌、跳个舞、出门散步、踢球、邀请朋友聚会等都可以加入游戏元素，在生活中寻找乐趣。

该书还讲了一个故事：一对母子在超市购物，孩子突然哭了起来。妈妈温柔地说："莎伦，我们再买几样东西就好了。"但孩子哭得更大声了。妈妈又说："莎伦，我们已经买完了，只要结账就好了。"到了收银台，孩子的哭声更大了。妈妈依然耐心地说："莎伦，我们就快好了，可以上车了。"孩子一路哭喊，直到上车。一个路人走过来和妈妈说："我一直在关注你们。你很让我佩服，孩子哭闹得那么大声，你还能保持冷静，耐心地和他说话。"妈妈说："我才是莎伦。"

这个妈妈并没有要求孩子做什么，而是要求自己做什么。碰到孩子哭闹的场景，很多人都会受不了、不耐烦，但故事里的妈妈没有制止孩子的哭闹，而是要求自己保持耐心。

只要主动改变、保持耐心，生活就会变得更美好，同时还可以磨炼心智。这也是一种选择，选择让生活变得更好。有时，无须改变身边的人，也可以选择让生活变得更好，因为自身的观点可以改变他们。只需像这个妈妈一样，对自己说：我只要做完这件事，就好了。

## 4.6.2 如何锻炼选择幸福的能力

如果说时间是一种资产，那么假期就是其中的大宗资产。

以对待大宗资产的态度对待假期，任何时候都可以获得成长和发展。比如，国庆 7 天假期是价值 168 小时的资产，减掉每天 8 小时的睡眠时间，还有 112 小时。这是一笔不小的时间资产，我们可以做很多事情。不管是阅读、写作，还是在专业领域深耕，抑或是陪伴家人，都是对时间资产的分配。

有人说，工作这么累，需要在假期好好休息一下。工作累不累，不在于在假期休息不休息。用正确的方式工作，或者做热爱的工作，就不会感觉累。我们可以选择自己热爱的工作。如果无法选择工作，还可以选择以什么样的心态去面对工作。

很多时候，限制我们的是我们自己。比如，很多人没赚到钱，是因为没有想清楚自己为什么要赚钱，赚钱之后怎么花。这就是思维限制了发展。随着思维发生改变，外界的环境也会发生改变。

**对一个人而言，终极的自由是思想的自由。**哪怕身处极端环境，没有任何人身自由，思想依然属于自己，不会被任何人控制。维克多·弗兰克尔在奥斯威辛集中营的艰难岁月里，选择相信"生活是幸福的，未来会更美好"，依靠对家人的爱和思念、对美好往事的回忆、对未来的期待坚持了下来。他还不断探寻生命的意义，创立心理学的意义治疗方法，帮助了很多人。

在日常生活中，如何锻炼自己选择幸福的能力呢？关键是觉察和分享生活中的细节。

**幸福是觉察出来的**。在某一个瞬间，你可能会感觉自己不是那么幸福。比如，放假了无所事事，感觉很无聊，其实越是在这个时候，你越幸福。因为特别无聊的时候，幸福会来找你。每天忙得不可开交，幸福到你家门口一看：这个人这么忙，可能没空享受幸福，我去见下一个人，等他有空再说。

留出一些心神，有意识地觉察，幸福才能被感受到。

比如，你现在正在看书，完全没人打扰，是不是觉得很幸福呢？偶尔睡个长长的午觉，是不是觉得很幸福呢？在生活了许久的城市里转一转，发现从未注意过的风景，是不是觉得很幸福呢？带着"觉察"生活，抓取这些小小的经历，体验幸福的感觉。

**幸福会在分享后增值**。我感受到一种幸福，分享给你，你也觉得很幸福、很开心，这是一个相互分享、相互增值的过程。如果你觉得幸福，周围的人也会觉得幸福。这就像知识分享，我把知道的知识分享给你，你也得到了新知识，我们都有收获，我不会因为分享减少知识量，反而因为分享获得更多的东西。分享幸福，会变得更加幸福，会有越来越多的幸福出现。

**今天的经历有没有让你更幸福？你有没有选择幸福？有没有积极主动地分享幸福？**

任何时候，你都可以选择让自己更幸福，也可以主动分享让幸福增值。有时我们的意识不一定处于积极思维中，甚至常常给自己一些压力：今天什么都没做，这个月过了好几天还没做什么事，截止时间快到了，目标还没达成……这时，你应转换一下思维：我又多生活了一天，生命给予我更多的体验和感受，我要感受幸福。

如果你希望自己感受到更多的幸福，可以做一件事：记录自己的幸福时刻。只要感到幸福，就把这一刻记录下来。记录足够多的幸福时刻，你就可以真切地看到自己的幸福生活。

看到五光十色，是一种幸福；听到周围笑语喧哗，是一种幸福；悠闲地漫步街头，是一种幸福；坐在桌前阅读，是一种幸福；坐在公园里安静地语写，是一种幸福……每天都可以拥有幸福。

人生充满希望。至于希望在哪里，也许你无法说出具体的答案，但心里就是知道有希望。希望可能在任何地方，也许在田野里，也许在你的心里，也许在你的梦里，也许在你读过的书里，也许在你创作的作品中……心中充满希望，生活就充满希望，希望在时间中自动成为作品。

积极的状态需要不断探索和实践，还要坚持、保持。有的人天生积极、乐观，或者从小生活在积极、乐观的环境里，一直吸收积极的能量。有的人可能成长在消极、浮躁的环境里，比较敏感，生活中经常会遇到一些困难和挫折。这些都没关系，每个人都可以选择用积极的方式思考，不断重复，不断用积极的语言和行动暗示自己。

我专门做过积极思考的训练，从农村来到大城市，吃过一些苦，但总体来说是积极的、充满希望的。我相信勤劳能够致富，不管做什么，都要认认真真地做，时间久了，就特别能做体力活。

保持积极的心态，选择幸福，也是一种体力活。我对自己的训练就是**每天带着积极的情绪默念：“我相信生活会更加美好，我相信自己可以更加幸福。”**

每天对自己说这句话，就是一种体力活。有人说，道理都懂，就是做不到。做不到，就继续做，把体力活做到极致。不认真练习成千上万次，很难改变从小形成的思维习惯。

对自己说这句话时，你还可以加上自己正在认真做的事情。比如：

我可以通过阅读，让自己变得更加幸福；

我可以通过写作，让自己变得更加幸福；

我可以通过今晚早睡、明天早起，让自己变得更加幸福；

我可以通过明天早上准时吃早餐，享受美味的食物，让自己变得更加幸福；

我可以通过树立远大的理想，让自己变得更加幸福；

我可以通过自我暗示，让自己变得更加幸福；

我可以通过与自己对话，让自己变得更加幸福；

我可以通过做体力活，让自己变得更加幸福；

我可以通过和其他人一起达成目标，让自己变得更加幸福；

我可以通过帮助他人成长进步，让自己变得更加幸福；

我可以通过向他人分享我的幸福，让自己变得更加幸福；

我可以通过不断重复"让自己更加幸福"，让自己变得更加幸福。

………

想要幸福，体力活就要做多一点，让自己尽可能接近生活的本真。每一次都选择积极的方面，自然就能成为一个积极、乐观的人，就可以更加幸福。

这种乐观，不是未来的乐观，而是"明天早上太阳依然还能升起来，我还能看到"的乐观，是当下的乐观。

# 4.7 美好的日子，创造美好的回忆

## 4.7.1 今天是美好的一天吗

你觉得，今天是美好的一天吗?

无论你回答"是"或"不是"，都代表了你对生活的看法。如果你觉得今天是美好的一天，就努力创造美好的回忆，赋予自己一种状态和角色，让它变得更加美好。

在你要做一件事情之前，深吸一口气对自己说："不管我做的是什么事情，都对生活有帮助。"那么你所做的事情就能为你带来一些生活经验。

只要在日常生活中做足够多类似的准备工作，不管遇到什么困难和问题都可以解决。

你是否处于这种人生状态？是否觉得今天是美好的一天？今天的美好程度是多少？现在可以给今天打个分，0~100 分。

也许你今天遇到了一点不太顺心的事情，只打了 60 分，那就和我一起来转换一下思维吧。

首先，我们又顺利地度过了一天。没有碰到大灾大病，没有遇到意外，相对而言比较顺利。

其次，我们顺利地活到了这一天。如果你关注新闻的话，可能会看到一些人逝世的报道，或者看传记的时候看到主角的生卒年月。比如，"定位之父"里斯，1926 年出生，2022 年离世；阿西莫夫，1920 年出生，1992 年离世；斯坦·李，1922 年出生，2018 年离世；稻盛和夫，1932 年出生，2022 年离世……

看到这些大师们离世的消息，以及他们的生平，你会不会思考自己有生之年能为这个社会做出怎样的贡献？能为他人创造怎样的价值？能过上怎样的生活？

## 4.7.2　积极创造美好的一天

今天是美好的一天，以后每次回忆过去，想起今天，都会觉得更加幸福。人总是会遗忘痛苦，追寻快乐，把美好留在脑海中。如果可以，尽可能记住现在美好的存在，带着正向思考、积极情绪面向未来吧。

有人说，过去我们所看到的，不一定都是美好的一面。想象身体有一面镜子，外面的世界映在镜子里，既可以反映出其美好的存在，也可以反映出其不那么好的一面。这取决于把镜子朝向哪个角度。也就是说，你所看到的世界，取决于你的眼睛看向哪里。如果你的眼中都是美好的存在，感觉今天是美好的一天，所有人都带着善意生活，那么你自身会充满能量，这一天也能够过得很好。

当你碰到一些问题和困难时，无论这些问题和困难现在看起来有多大，在以后都不算什么。因此，你需要深呼吸，勇敢面对问题和困难，迎接挑战。

还有一种说法：只要成长得足够快，困难总能得到解决。困难可能很大，困难也可能会变得更大，但是只要你每次遇到困难时都能成长得足够快，就会发现没有困难了。因为你具备了处理困难的勇气和解决困难的能力。即使困难很大，不能一下解决，也可以将其一点点分解、一步步解决。如果你能树立一种信念——不管以后碰到什么问题和困难，都能解决，那么你的生活中将充满美好。

**创造美好的回忆，要主动追求生活中美好的存在。**只要接受生命本真的状态，你会发现无论在哪个人生阶段，生活都是美好的。

我们这一代人很幸福。我们的长辈吃过很多苦，这是时代使然，个人能力发挥的作用有限。和他们相比，我们是非常幸福的。有时幸福是比较出来的，要看到不那么幸福的状态，才能感受到自身幸福的状态。

我一直觉得每天能有一小时阅读、写作的时间就是比较幸福的，因为以前刚参加工作时，要实现这样的幸福还是有一些难度的。当时刚开始语写，每天早早出门，避开高峰期，提前一小时到公司，进行语写。门口的保安很负责，不知道我在做什么，就会过来询问。在一个地方站久了也不太好意思，所以我经常会换地方语写，有时在公交站台，有时在天桥……

下班回家，通常时间不是那么可控的，我会在地铁换乘站出站，找一个合适的地方进行语写。而经常进行语写的地方是一个广场，那里非常热闹，一般会在那里语写一小时左右。还记得那里经常有一个人拉小提琴，他就是纯粹喜欢拉小提琴，所以经常独自在广场上拉小提琴。语写时还能听到悠扬的琴声，这也是一种幸福。

现在，每天规律地阅读、写作是一件非常幸福的事情。每天规律地做一些事情，首先说明你的身体没什么大问题，这就是一种幸福。在特定的时间做特定的事情，难度是很大的，能够做到这一点，做其他事情也就没那么难了，这是一种生活中的幸福。

每天都可以积极、主动地创造美好。拍一张照片，拍一段视频，写一句话，读一页书……做起来可能觉得很普通，但以后回忆起来，就会发现这一天一点也不普通。因为这是自己在生活中有意识地创造的价值。

有时，只要做出一点小小的改进，就可以取得很大的进步，这是很幸福的时刻。

如果你想的是"为什么过去没有发现要改进的地方呢"，那么你就是在对生活表达不满。

如果你想的是"我可以在一些事情上做得更好"，那么你会通过自己的努力找到获得幸福的方法，并主动地选择和拥抱幸福，积极创造美好的每一天，创造属于自己的时间作品。

这才是做成事的感恩状态：打造出属于自己人生的时间作品。

## 写在最后的话

《时间作品》是我的第六本书，是"时间系列"的第四本书。

一切的源头可以追溯到十年前。我阅读了《卓有成效的管理者》和《奇特的一生》这两本书。德鲁克说，管理自己的时间首先要记录时间；而柳比歇夫用了 56 年来实践时间统计法。受到前辈的启发，我决定培养记录时间的习惯，像柳比歇夫一样记录 50 多年。

做时间记录一段时间后，我就思考着，如果想要让时间记录体系有效，最好是做一件时间记录体系之外的事情，来证明时间记录体系的确有效。于是在过去的时间里，我创造了语写体系，建立人生规划体系。随着语写体系的迭代，时间统计体系也在不断迭代和发展，所呈现出来的就是大家看到的时间统计服务、时间统计 App，以及《时间记录》《时间增值》《时间价值》和《时间作品》这四本关于时间主题的书。

时间是什么？对于我们每个人而言，时间就是生命。做任何事情，花费的每一分每一秒，都是我们的生命。如何使用时间，就是如何使用生命。时间本身不会让人增值，只有不断通过实践活出自己的人生，才会让自己增值，留下时间作品。

希望时间主题系列书籍，能让更多人关注、思考自己的时间价值，并帮助更多人开始进行时间记录，不断让自己的时间增值，在长时间维度上做成事情，创造时间价值。

最后，感谢爱人和家人的支持。这些年，爱人和家人为我分担了许多。因为他们的支持和陪伴，我才能一直走下来。

感谢所有学员们，是你们共同推动时间统计、语写、人生规划等体系不断向前发展。

感谢电子工业出版社和编辑滕亚帆，以及协助书稿编辑、审校的蓝枫，参与校对的小奇、灵休、小饼干、朱笋笋、蛋蛋，谢谢大家的努力。

感谢看到这里的你，谢谢你坐下来阅读这本《时间作品》，我们通过文字实现跨时空相遇。你的信任和时间，赋予了这本书的时间价值。

# 反侵权盗版声明

　　电子工业出版社依法对本作品享有专有出版权。任何未经权利人书面许可，复制、销售或通过信息网络传播本作品的行为；歪曲、篡改、剽窃本作品的行为，均违反《中华人民共和国著作权法》，其行为人应承担相应的民事责任和行政责任，构成犯罪的，将被依法追究刑事责任。

　　为了维护市场秩序，保护权利人的合法权益，我社将依法查处和打击侵权盗版的单位和个人。欢迎社会各界人士积极举报侵权盗版行为，本社将奖励举报有功人员，并保证举报人的信息不被泄露。

举报电话：（010）88254396；（010）88258888

传　　真：（010）88254397

E - m a i l：dbqq@phei.com.cn

通信地址：北京市万寿路 173 信箱

　　　　　电子工业出版社总编办公室

邮　　编：100036